山西省基础研究计划自然科学基金项目

煤矿井下环境与矿工安全健康

胡高伟　主编

煤炭工业出版社

·北　京·

图书在版编目（CIP）数据

煤矿井下环境与矿工安全健康/胡高伟主编 . -- 北京：煤炭工业
出版社，2018（2018. 8 重印）

ISBN 978 - 7 - 5020 - 6534 - 8

Ⅰ.①煤…　Ⅱ.①胡…　Ⅲ.①煤矿—矿山安全　②矿工—保健
Ⅳ.①TD7　②R135　③R161

中国版本图书馆 CIP 数据核字（2018）第 044655 号

煤矿井下环境与矿工安全健康

主　　编	胡高伟
责任编辑	曲光宇　赵　冰
责任校对	赵　盼
封面设计	王　滨

出版发行　煤炭工业出版社（北京市朝阳区芍药居 35 号　100029）
电　　话　010 - 84657898（总编室）
　　　　　010 - 64018321（发行部）　010 - 84657880（读者服务部）
电子信箱　cciph612@126.com
网　　址　www.cciph.com.cn
印　　刷　北京建宏印刷有限公司
经　　销　全国新华书店

开　　本　787mm×1092mm$\frac{1}{16}$　印张　8　字数　186 千字
版　　次　2018 年 5 月第 1 版　2018 年 8 月第 2 次印刷
社内编号　9414　　　　　　定价　39.00 元

前　言

煤炭是人类社会的重要能源。在我国，煤炭占一次能源资源总量的94%，能源消费结构中，煤炭占一次性能源的70%，比世界平均水平高40个百分点。煤炭工业是我国国民经济工业体系中的支柱产业之一。

煤炭开采是一项极其复杂的工艺，其复杂性不仅体现在井田开拓前的地质勘查和测量，更主要的体现在井下环境的特殊性和复杂性。矿工在距地面几百米甚至上千米深的地下展开作业，不仅面临艰巨的作业任务，而且时刻面临各种安全健康威胁。

我国煤矿在制度建设的同时，安全健康防范和治疗的科学技术也得到了很大的发展。主要体现在四个方面：一是从国家层面到煤矿企业的研究机构逐步健全，涉及瓦斯、煤尘、通风、防火、炸药、顶板、矿压、粉尘安全健康的实验室发展迅速；二是煤矿井下环境与矿工安全健康的科学技术水平得到较大提高；三是从企业决策层到矿工个人的安全健康自我防范意识、科学技术素质普遍提高；四是我国在煤矿井下环境与矿工安全健康方面的科学研究成果不断丰富。这都是可喜的地方。

本书研究的课题是山西省基础研究计划自然科学基金项目，项目编号2012011026－1。项目研究的范围主要包括煤矿井下环境因素构成，煤矿井下危害因素及防治措施，煤矿井下职业病及其防治，煤矿环境治理及职业病相关法律法规等几个方面。本项目的研究借鉴了前人的成果，也突出了自己的特色。一是系统性。不仅包括国内的主要做法，也包括国外发达国家的主要做法，以期读者在比较中获得新的认识。二是历史性。不仅包括现代的内容，也包括曾经使用过的管理措施和技术，以使读者深入了解有关防治方法的历史演变。三是实用性。不仅包括管理方面的内容，也包括技术方面的内容，使读者能够更加全面地掌握安全健康的防范知识。

促使本书编写的原因很多，其中最为重要的有两个。一是拨清迷雾。几十年来甚至几百年来，人们对煤矿井下环境的认识是"危险""黑暗""潮湿""阴冷"等，人们对现代科学技术条件下特别是我国社会整体发展的巨大成就背景下的煤矿井下作业认识不足，很多停留在几十年以前的认识上，有必要通过一个专题项目研究来厘清曲直，增强煤炭工业从业人员的信心。本书研究的最终结论是，我国煤矿井下工作环境十分复杂而艰难，但我们的管理和技术已逐步成熟，只要各级组织和个人充分重视并照章管理，煤矿井下各种职业伤害可以避免或者可以减少到最低限度。二是情感使然。本人在煤炭系统工作20多年，有过在井下的体验，大量的时间是从事煤炭历史、煤炭文化、煤炭科学技术和煤炭科普等方面的工作，对煤炭和煤矿工人具有特殊的情感。

本书编写中，在视角上以井工煤矿井下各工种为主，没有涉及井工煤矿地面和露天煤矿开采的工种；在应用法规上以煤矿和矿山方面为主，并从综合性的法规中抽取了相关的章节；在内容上以煤矿井下工人职业健康为主，基本没有涉及煤矿井下顶板、爆炸、透水、运输及瓦斯突出等突发性的安全事故。

期望本书能够成为全国煤矿井下工人的科普读物，成为中国煤炭博物馆等煤炭类科技馆、博物馆、展览馆陈列布展的内容参考，也期望能够为煤矿管理部门和各类煤矿企业管理层提供资料参考。

在编写本书的过程中，由于作者掌握的资料有限、研究深度不够、收集案例有限等原因，导致在一些章节存在很大不足。另外，由于时间仓促，在编写过程中难免存在失误之处，敬请读者批评指正。

编　者

2017 年 5 月

目　　次

1 研 究 综 述

煤矿井下环境与矿工安全健康关系密切，新中国成立后，随着科技的不断发展和财力的不断充裕，我国煤矿井下职工的安全健康越来越受到政府和企业以及社会的普遍重视，从中央到地方在政策法规的制定和执行监督方面力度不断加大，从企业到煤矿职工的安全生产和环境健康意识不断增强，煤矿井下工人的安全健康得到了前所未有的重视和保障。

在煤矿井下复杂的环境中，一方面存在开采技术研究领域的安全风险，比如顶板塌落、透水、瓦斯突出和爆炸、井下交通事故等安全事故；另一方面存在职业健康研究领域的安全健康风险，比如有害气体、高温、高压、潮湿、噪声、心理因素等健康危害。前一种风险可以概括为煤矿井下工人的"硬伤害"，后一种风险可以概括为煤矿井下工人的"软伤害"。比较这两方面的伤害，"硬伤害"的特点是突发性、群体性、规模性、短时性、即时性、显现性，"软伤害"的特点是个体性、局部性、长期性、隐蔽性（潜伏性）。本书的研究范围将重点关注煤矿井下环境对工人安全健康危害中的"软伤害"。与此相对应，煤炭行业也把煤矿职工安全健康风险区别为"红伤"与"白伤"，相对于重大安全事故的"红伤"，人们把较隐蔽的职业病称为"白伤"。近年来社会对"红伤"的预防和整治有所提高，而对"白伤"极度轻视，事实上隐蔽的"白伤"的危害更为严重。

我国作为世界上最大的煤炭生产和消费国，2015 年煤炭产量和消费量分别占全球的 47% 和 50% 左右；2015 年世界煤炭产量为 80×10^8 t，我国同期煤炭产量 37.5×10^8 t。新世纪以来，经过几轮的煤炭体制改革，我国煤矿数量大幅下降，截至 2015 年底，有煤矿 1.08 万个。根据《煤炭工业发展"十三五"规划》，到 2020 年，煤炭产量 39×10^8 t，煤炭生产结构优化，煤矿数量控制在 6000 处左右。由于综合机械化掘进和采煤技术的全面普及，在煤炭产量飞速增加的同时煤矿工人的数量并没有呈现同比例飞速增长的局面，但尽管如此，我国现有煤矿工人仍然保持在 580 万人的水平。有关专家计算：如果按三班倒的用工模式，每时每刻都有近 200 万煤矿工人在地下巷道里作业。正是这些每天工作在潮湿阴暗环境中的煤矿工人，为我国经济社会的发展提供了 66% 的能源支撑。我们在关注煤炭为现代生活做出巨大贡献的同时，也应该更加关注煤矿井下工人的安全健康状况，并努力解决与之相关的科学技术、科学普及和现代管理等一系列问题。

进入新世纪，我国煤矿安全管理不断进步，形势有了很大的好转。2002 年，我国生产原煤 10×10^8 t，因矿难死亡 7000 人，百万吨死亡率为 7；2014 年，生产原煤 38.7×10^8 t，因矿难死亡 931 人，百万吨死亡率为 0.24，人数下降了 86.7%，百万吨死亡率下降了 6.76，取得的成绩是巨大的。2015 年，我国煤矿百万吨死亡率为 0.157，再创历史新低。根据《煤炭工业发展"十三五"规划》，到 2020 年，煤矿百万吨死亡率较 2015 年降幅为 15%。按照 2017 年 2 月国务院办公厅印发的《安全生产"十三五"规划》，7 类重点作业中，采掘业位居第一。

　　与此同时，在煤矿工人职业健康事业方面，我国也取得了较大的发展。一是从国家层面到煤炭企业的研究机构逐步健全，涉及瓦斯、煤尘、通风、防火、炸药、顶板、矿压、粉尘、安全健康的实验室发展迅速。二是煤矿井下环境与矿工安全健康的科学技术水平得到较大提高。三是从企业决策层到矿工个人的安全健康自我防范意识、科学技术素质普遍提高。四是我国在煤矿井下环境与矿工安全健康方面的科学研究成果不断丰富。但由于起步晚和技术落后等原因，仍不尽如人意。据中国职业安全健康协会多年的跟踪研究，我国煤炭行业事故的死亡人数与职业病人数之比为 1∶6。

　　严重的伤亡事故和职业危害，不仅给劳动者的安全与健康造成重大伤害，而且影响经济的健康发展和社会稳定，甚至造成不良的国际影响。广大煤矿经营管理者迫切需要更为健全的、涉及矿工作业环境、安全健康方面的一系列技术标准和科学知识及相应法规，广大井下矿工迫切需要一个更加系统的、规范的、可操作的、强制性的作业环境标准，也迫切需要掌握自身安全健康防范的科学知识。

1.1　国内外煤矿安全健康管理概况

　　我们从原煤炭工业部国家煤炭档案馆中获得了一份国外考察报告，虽然时过 30 多年，但笔者认为仍然有一定的借鉴意义。1983 年 9 月，煤炭工业部派陈邦文、王志远、钱洁永等人参加美国第十四届矿山安全健康研究年会。回国后，3 位同志起草了报告，摘要如下：

　　"美国重视矿山安全健康工作主要表现在：严格法制、重视科研、强调安全培训"。

　　关于严格法制，"全美矿山划分 10 个地区，共有安全健康监察人员 3500 人，统归劳工部矿山安全健康委员会领导，按国会颁布的安全健康法，对矿山进行监督检查。除随时对矿山进行监督检查外，每年至少开展两次大的检查，检查时安全监察人员有权封闭矿山、处罚企业和有关人员，并帮助解决具体技术问题，对一时解决不了的或企业提出的项目负责进行研究帮助解决，他们对矿山安全健康状况了如指掌，有现代化电子计算机管理，连每一个工人每年吸尘量都能掌握"。"美国煤矿最怕死人，因为死亡一个人，立即赔偿 75000 美元，以后每两个星期还要支付给家属每人 250 美元，因此各方面都严格执行安全健康法及其安全法规"。

　　关于重视科研，"美国颁布安全健康法后，原内务部的矿山安全健康委员会即划归劳工部领导，负责监督检查、制定法规、设备检查、安全培训、事故统计分析等。而内务部的矿业局则负责科学研究，发展达到安全健康法要求的技术，发展达到不发生事故的标准设备等。现在矿业局有 10 个研究中心，其中 4 个采矿研究中心。我们参观了匹兹堡研究中心，就是最大的一个，拥有先进的设备和仪表、电子计算机系统，有 350 多人，主要负责安全健康、环境保护、生成技术三大部分的研究。我们参观的有瓦斯、煤尘、通风、防火、火药、顶板、矿压、粉尘、安全健康等十几个试验室，如防火的惰性气体研究、密闭材料的研究等"。

　　关于强调安全培训，"美国安全培训系统健全，各州、矿区、企业部门都有安全培训中心，这些单位的安全培训计划均由安全健康管理学院指导，经劳工部矿山安全健康委员会批准才能实施"。

该报告中还向煤炭工业部提出了有关机构设置、科研项目、学术交流等方面的建议，得到了煤炭工业部的重视。下面首先重点梳理和分析美国、英国、德国、澳大利亚等国家煤矿安全健康管理的经验，然后梳理和分析我国煤矿安全健康管理的概况。

1.1.1 美国煤矿安全健康管理

1. 机构

美国的煤矿安全健康管理机构重点包括国会（立法机构）、政府部门（行政机构）和非政府组织3种。负责制定矿山安全健康相关法律法规的重点政府机构是职业安全健康管理局（OSHA）和矿山安全健康管理局（MSHA）。美国的国家职业安全与健康研究院（NIOSH）是与矿山安全健康有关的重要科学与技术机构，它的主要任务是研究和提出建议，为制定标准提供参考，并鉴定和评估工作场所的危险性及在测量技术和控制工艺方面开展研究。联邦政府设置的安全监管机构主要包括 MSHA、OSHA、露采复垦执行办公室（OSM）。MSHA 教育政策与发展办公室主管的国家矿山安全健康学院，是世界最大的专门从事采矿安全健康的培训机构。

除此之外，美国的各州特别是采矿业比较发达的州，都设有矿山监察员办公室或自然资源部矿物资源管理局等机构，这些机构经联邦政府授权具有较大的自主权。当采矿企业与政府部门发生分歧时，美国的矿山安全健康行政复议机构负责处理。在有关的非政府组织中，美国存在一种被誉为"第四政府"的组织，比如美国矿工联合会等组织，这些组织是矿工与企业之间的纽带，负责代表矿工与企业谈判有关安全健康、工资待遇等事宜。

2. 法规与标准

130 多年前，美国就有了与煤矿安全有关的法律法规。1891 年颁布了第一个有关矿山安全的法律，此后多次修订或重订，每次都是在发生重大事故后社会舆论促使国会修订或重订的。1924 年颁布了第一部煤矿安全法规；1952 年《矿山安全与健康法》正式颁布，1966 年修订；1968 年 11 月 20 日，康苏尔煤矿发生重大瓦斯爆炸，死亡 78 人，在煤矿工人大罢工和社会舆论压力下，1969 年颁布了新的《煤矿安全与健康法》；1977 年，重新修订为《1977 年联邦矿山安全与健康法》。2006 年初，美国接连发生矿难，促使美国国会和联邦政府在当年 6 月便制定与颁布实施了《矿工法》（MINERAct，即《矿山改善与新应急响应法》）。该法是自《1977 年联邦矿山安全与健康法》以来，对联邦安全健康法最为全面的补充与改善，制定了有关应急措施、救援等技术法规及标准。

美国制定的矿山安全健康标准主要包括矿山安全健康技术法规、协会标准和企业标准等 3 个层次。其中，技术法规是美国矿山安全健康标准体系的主体；协会标准水平较高，被国际广泛采用；企业标准发挥重要作用，很多大型矿业或矿产资源公司都具有较完备的标准化体系，以保证矿工生产安全与健康。

美国矿山安全健康技术法规与标准体系比较完善。美国标准体系最重要的原则是公开、透明。标准体系的主要特点有 3 点：一是目标指向明确，区别于单纯的生产安全，直指矿工的安全健康；二是突出技术性，美国十分重视先进技术在矿业中的应用，政府设立的有关矿山安全健康的研究培训机构与协会、企业的研究机构能够保证美国的技术水平在国际中处于领先地位，使得矿山安全健康标准的制定能够基于科学和先进技术；三是互动性，在标准体系实施过程中，企业如果对标准某条款持有异议，可以提出申诉，经过联邦复审法院判定申诉成立，则必须对标准进行修订，以使标准更好促进矿山的安全生产。这类标准会被列入美国《联邦法规法典》第 30 卷即矿产资源卷，每年修订一次。

3. 特点

美国煤矿安全健康管理的特点如下：

一是"成功三角"模式。即政府监管、技术研究和教育培训 3 个方面的工作相互协调。

二是协会和矿工参与。美国法律规定，煤矿安全监察员到现场开展安全检查，应由矿工全程陪同。井下采区设有直拨联邦 MSHA 的举报电话，矿工发现存在险情或违法行为可以直接拨打举报电话。

三是执法独立。矿山安全健康监管机构实行从上到下的垂直管理，在行政执法过程中不会受到其他部门的干涉。

1.1.2　英国煤矿安全健康管理

1. 机构

一是健康与安全委员会和健康与安全执行局。前者向有关部门的大臣负责，健康与安全委员会负责监督健康与安全执行局的工作，并授权健康与安全执行局开展工作。从 2008 年起，健康与安全委员会和健康与安全执行局合并为一个机构。健康与安全执行局下设采矿安全监察员。当雇员安全和健康受到威胁时，矿山安全监察员可向矿长提出警告或提出停产要求。矿山安全监察员没有直接罚款的权力，对矿主的处罚由工业法庭依法裁决。

二是矿山救援服务公司。矿山救援服务公司采取与矿山签订合同的方式为矿山提供救援服务。全国设有 6 个矿山救援中心。英国要求所有煤矿必须参加国家批准的矿山救援总会并成为会员，还要求每个煤矿拥有两支装备精良的能在 30 min 内到达事故现场的救援队。

三是英国煤炭管理局。英国煤炭管理局支持矿工在不能有效控制高风险的状况下作出不开工或停工的决定。矿工为自己和他人有责任严格执行安全和健康法规、规定和标准，并预防职业病的发生。

四是矿山安全研究中心。矿山安全研究中心成立于 1921 年，到 1947 年煤炭工业国有化以后，英国对矿山安全研究中心进行了重组，更名为矿山安全研究院（SMRE）。矿山安全研究院在德比郡地区设有试验室和试验基地。现在，矿山安全研究院归属英国健康与安全执行局（HSE）研究与试验室服务处。

2. 法规与标准

1850 年，英国颁布了首部《煤矿安全监察法》。该法首次提出设立煤矿工人安全监察员岗位，并就矿山安全用电及矿山救援等方面问题作出明确规定。此后又多次进行补充和修订，使英国煤矿安全法规渐趋完善。1911 年，英国颁布《煤矿法》，逐步建立了一套结构合理的法定的煤矿安全监察体系。之后，英国又先后颁布了多项采矿法律，如 1946 年《煤炭工业国有化法》、1954 年《矿山与采石场法》。1974 年颁布《职业安全健康法》，该法第七部分涉及的内容包括：雇员除注意自己本身的安全健康保护外，还要注意对其他人员的安全健康保护。1994 年颁布《煤炭工业法》。欧盟发布的《职业安全健康管理规程指令》，1999 年在英国开始实施。

另外，还有与采矿有关的一些法规，如《矿山与采石场法》和 1969 年《矿山与采石场（尾矿库）法》、批准的惯例法，工业指导、条例和技术手册，矿主和矿长健康安全政策、条例和工业计划、风险评估，法定设备和材料的技术要求。

3. 特点

英国煤矿安全健康管理的特点如下：

一是实行严格的煤矿经理管理责任制。根据英国的煤矿安全规定，煤矿经理必须有煤矿井下工作经历，必须通过安全和相关知识考试。如果因忽略安全法规而造成人员伤亡，矿长可能被逮捕入狱。

二是有严密的监管制度。健康与安全委员会由国家工会联合会代表 3 名、企业代表 3 名、地方政府代表 2 名和科技界代表 2 名共计 10 人组成。目前，英国设煤矿安全监察专员约 20 人，《职业健康与安全法》及相关法律赋予煤矿安全监察专员职责和权力。

三是充分发挥公众监督作用。对不安全或有安全隐患的煤矿在媒体予以公布，同时利用民间机构对煤炭企业进行监督。其中《英国煤矿指南》将政府负责安全和环境的部门和官员的名字及电话等一一列出，为公众的有效监督提供方便。

1.1.3 德国矿山安全健康管理

1. 机构

德国的矿山安全健康监督管理体制采取的是双轨制模式。

一是联邦政府—州政府的监督管理体系。

二是行业公会（矿业公会）的监督监察体系。德国政府的经济技术部能源司内部设有安全卫生处，该处主管全国矿山安全健康监督管理工作。各州经济部矿业局主管矿山安全卫生监督管理工作，下设矿山安全健康监督机构和监督官员。

同业公会的全称是工商业工伤事故保险联合会，它不是联邦和地方政府机构的组成部分，但具有公共管理部门的性质，有很大的自主权，遵守依法办事、非营利、预防为主的原则，可以依法强制企业缴纳工伤保险和采取安全防范措施，以监督和帮助企业为职工提供安全和健康的劳动条件。采矿行业公会即是同业公会的一种，负责制定安全卫生规章和技术标准，预防矿山伤亡事故和职业病的发生等。

2. 标准

德国矿山安全健康标准体系由政府机构标准体系和以标准化协会为主的非政府标准体系组成，主要包括矿山安全健康技术法规、德国标准化协会标准和矿山安全健康方面的标准，涉及人的生命安全健康等问题。在德国这些标准通常被法律法规引用，具有法律效力，主要以技术法规的形式颁布实施，属于强制性的，必须执行。

3. 特点

德国矿山安全健康管理的特点如下：

一是市场化的重罚机制。每个矿山企业向矿业公会缴纳的工伤保险费的费率与该企业的事故发生率挂钩，企业一旦发生事故，所蒙受的损失及所付出的经济代价要比不预防事故而支付的资金大得多，促使矿山企业加强自我约束，加大安全投入，主动改善安全生产条件，减少并控制工伤事故与职业危害风险。

二是监管与被监管相互支持。矿业公会每年投入大量资金进行矿山安全技术的研制与开发工作，为矿山企业提供技术支持；此外，还向企业提供咨询，免费为其雇员提供教育培训，举办各种活动提高雇主及雇员的安全生产意识。

三是技术性。德国极为重视采用先进的安全健康与生产技术，同业总会下设的职业安全研究院（BTA）则围绕着风险评估，人机工程学，生理、心理压力及相应的法规进行标准研制。

1.1.4　其他国家煤矿安全健康管理

澳大利亚的国家标准尽最大可能以国际标准为基准，澳大利亚对于国际标准的采用率约为70%，这是相当高的（我国约为43.7%）。

南非和澳大利亚矿山健康安全标准制定首先采用国际标准，没有国际标准时才制定国家标准。南非制定标准程序不同于一般的国家标准，要经过严格的咨询、评估、提议、制定、二次公报等程序，最后以部长令的形式发布。

通过梳理和分析以上几个国家关于煤矿安全健康管理的情况，我们可以得出一个结论：完善的法律法规及标准体系、独立的监管体系、先进的高新技术及教育培训体系，是这些国家矿山生产安全健康的有力保障，这些国家在构建和实施矿山生产安全健康管理体系和标准体系方面有着较为成功的经验。例如，立法先行使得监管工作具有法律保障，与非政府组织广泛合作，高度重视保障矿工权利等。

需要指出的是，尽管以美国为代表的几个发达国家已经走过了安全生产和职业病危害高发的阶段，而且英国的煤炭工业已经逐步衰退，德国的煤炭工业基本走完了从初期的简单开采到现代化发展、从企业转型到煤矿关闭的整个发展进程，但发达国家煤矿安全健康管理与标准体系建设的成功经验，对于我国具有重要的借鉴意义。

1.1.5　我国煤矿安全健康管理

1. 机构

国务院安全生产委员会、国家安全生产监督管理总局负责全国安全生产工作，国家煤矿安全监察局"依法监察煤矿企业贯彻执行安全生产法律法规情况及其安全生产条件、设备设施安全和作业场所职业卫生情况，负责职业卫生安全许可证的颁发管理工作；对煤矿安全实施重点监察、专项监察和定期监察，对煤矿违法违规行为依法作出现场处理或实施行政处罚"。国家卫生和计划生育委员会负责全国范围内职业健康检查工作的监督管理。

1999年，国务院发布《关于印发煤矿安全监察管理体制改革实施方案的通知》，并随即依此文件制定了《煤矿安全监察条例》，对煤矿安全管理体制进行了根本性的改革，剥离了原劳动部等行政部门负责的煤矿安全监察职能，按照政企分开、垂直管理的原则重新组建了新的煤矿安全监察局系统。在国家煤矿安全监察局之下，设直接隶属于自己的省级煤矿安全监察局，进而在煤炭集中产区设置煤矿安全监察办事处，作为省级局的派出机构，直接负责对各级各类煤矿企业的安全生产进行监督检查和煤炭行政处罚。这一全新体制在借鉴国外煤矿安全管理模式的基础上，充分考虑了我国煤炭行业的实际情况，解决了以前煤炭行业管理模式中各级煤炭管理部门既当"运动员"又当"裁判员"的不合理状况。

2010 年，中央编办发出关于职业卫生监管部门职责分工的通知，明确卫生部（后更名为卫生与计划生育委员会）、国家安全生产监督管理总局、人力资源与社会保障部、全国总工会分别负责职业卫生诊治、防治、保障和维权等方面的相关工作。

2016 年新修订的《职业病防治法》就部门职责进行了新的划分和明确，特别就卫生部门和安全生产监督部门的职责权限进行了明确。

2. 法规

新中国成立初期，由于生产力水平较低，生产技术和管理方式都较落后，煤矿生产的安全意识较薄弱，对矿工职业健康问题认识不够，相关的法规很少。从新中国成立到 20 世纪 80 年代，煤矿工人的工作方式原始化、经验化，煤矿管理者对矿工的保护意识大多还停留在安全范畴，重点多放在预防事故的发生上。这个时期关于煤矿的法规条例也都集中在安全方面，初期在煤矿行业中甚至没有职业病这个词，劳动保护是当时普遍的叫法。

梳理 1949—1983 年的煤炭工业法规条例，可以发现有关法规多围绕矿山安全工作展开，专业性、针对性的关于矿工健康的环境标准要求鲜少可见。这个时期，对井下环境的关注主要集中在粉尘浓度和瓦斯浓度上。

新中国第一个有关煤矿安全操作的法规于 1950 年 10 月发布。此后，煤炭工业部及其他相关部门针对安全问题，制定和发布过一些标准和指令。1950 年，召开了全国第一次劳动保护工作会议，批判了"只重视机器，不重视人""重视生产，忽视安全"的错误思想。之后，各级劳动部门和产业部门陆续颁布了一些有关劳动保护的法规制度，企业的安全操作规程和管理制度也逐步建立起来。1952 年，提出了"安全为了生产，生产必须安全"的方针。1954 年，指出企业领导人必须贯彻"管生产必须同时管安全"的原则。1956 年，国务院正式颁布的《工厂安全卫生规程》《建筑安装工程安全技术规程》《工人职员伤亡事故报告规程》（即"三大规程"），是新中国成立以来最重要的安全法规的组成部分，它对产业部门的大部分安全卫生问题都作了比较全面的规定。同年，国务院颁布了《关于防止厂矿企业中矽尘危害的决定》。1957 年，卫生部发布了《职业病范围和职业病患者处理办法》。1957 年 11 月，召开了全国第一次防治矿尘危害工作会议。

1966—1978 年，受"文化大革命"影响，生产和安全工作均受到了严重破坏，大多数行之有效的规章制度都被推翻。1978 年，中共中央发布《关于认真做好劳动保护工作的通知》。1979 年，国务院发布了《国务院批转国家劳动总局、卫生部关于加强厂矿企业防尘防毒工作的报告》。同年，国家计委等部门发布了《关于重申切实贯彻执行〈国务院关于加强企业生产中安全工作的几项规定〉等劳动保护法规的通知》，重申了"三大规程""五项规定"是安全工作的指导性文件，并提出了"各单位发生伤亡事故和职业病，一定要按照'三不放过'（即找不出原因不放过，本人和群众受不到教育不放过，没有制定出防范措施不放过）的要求，进行严肃处理"。"三大规程"明确指出，"改善劳动条件，保护劳动者在生产中的安全健康，是我们国家的一项重要政策"。

1982 年，将劳动保护这一带有浓厚政治色彩的活动升华为劳动保护科学，并赋予劳动保护新的内涵和体系，劳动保护管理列于其中，把研究劳动保护的本质转为研究安全的本质的思想。1985 年，提出了将劳动保护科学改为安全科学的构想，安全的学科、专业设置方案中安全管理列于其中。此后，中国安全科学技术的学科体系雏形悄然诞生，开始了从劳动保护管理、事故管理至职业安全卫生管理的演进历程。

1992 年颁布的《矿山安全法》，是第一部专门保护矿山工人安全的法规。1996 年颁布的《煤炭法》和 2000 年颁布的《煤矿安全监察条例》，也有一些关于煤矿安全的内容。2001 年，颁布了《国务院关于特大安全事故行政责任追究的规定》。2002 年颁布的《安全生产法》，是首部强调工作场所安全性的全面法律。2002 年颁布实施了《职业病防治法》，并分别于 2011 年、2016 年进行了修订。

目前，我国关于职业安全健康的法规体系已逐步健全，其中和煤矿安全健康有关的法规有两大部分：一是国家层面的法规，二是地方性法规。国家层面的法规包括《煤炭法》《矿山安全法》《矿山安全法实施条例》《安全生产法》《煤矿安全监察条例》《煤矿安全规程》《国务院关于特大安全事故行政责任追究的规定》《职业病防治法》《劳动合同法》《突发事件应对法》《尘肺病防治条例》《突发公共卫生事件应急条例》《工作场所职业卫生监督管理规定》《使用有毒物品作业场所劳动保护条例》等。地方性法规包括各地结合实际制定的有关规定，比如山西省《关于切实加强全省煤矿作业场所职业危害防治工作的通知》等。

3. 标准

新中国伊始，在煤炭系统，对于安全生产理论研究相对比较深入，成果丰富，但是对煤矿职工的健康理论研究不够。在职业病防治领域，对于其他行业的研究相对比较深入，成果丰富，但是对煤炭系统职业病防治的研究不够。直到 20 世纪 90 年代中后期，关于矿工的职业健康研究才丰富起来。从井下环境着手，包括温度、有害气体、噪声、粉尘、瓦斯、煤层赋存条件等对矿工身体乃至心理层面影响的研究受到重视，煤矿工人的职业健康问题有了相应的标准规范。我国关于煤矿安全健康的标准体系也逐步得到完善。现有的规范和标准包括 3 个方面：

一是国家及相关部门制定的技术规范标准，如《工业企业设计卫生标准》《工作场所职业病危害警示标识》《工业场所防止职业中毒卫生工程措施规范》《高毒物品作业岗位职业病危害告知规范》《工作场所有危害因素职业接触限值》《煤矿工业矿区〈煤矿采掘工作面高压喷雾防尘技术规范〉总体规划规范》《煤炭工业矿井设计规范》《煤矿井下消防、洒水设计规范》《煤矿职业安全卫生个体防护用品配备标准》《煤矿井下粉尘综合防治技术规范》《煤矿职业安全卫生个体防护用品标准》等。

二是地方性标准，如《山西省煤矿建设标准》《山西省煤矿安全质量标准化标准及考核评级办法》等。

三是企业标准。我国煤矿企业中，大多数国有重点煤矿集团公司都有职业安全健康方面的标准，不过基本上都是套用了国家或行业的相关标准，非国有煤矿在安全健康方面的企业标准比较少见。

4. 特点

我国煤矿安全健康管理的特点如下：

一是预防为主，防治结合。这既是我国煤矿安全健康工作的方针，也是我国煤矿安全健康工作的主要特点。

二是突出多部门联动机制。国务院安全生产委员会、国家安全生产监督管理总局、国家煤矿安全监察局、国家卫生计生委等部门各有分工，相互有效联动。

三是突出非政府组织的作用。比如中国煤炭工业协会、中国煤炭学会、中国职业安全健康协会（下设工业防尘专业委员会、工业防毒专业委员会等）、中国煤矿尘肺病治疗基金会等，在煤矿安全健康方面发挥了积极作用。

四是突出技术规范和法律法规，现在趋于成熟。

1.2 煤矿井下环境危害因素及其危害

我国煤炭大部分是地下开采，露天煤矿产量只占总产量的 4%（美国达到近 67%，印度为 75%，澳大利亚为 73.8%，德国为近 80%，俄罗斯为近 61%）。我国煤炭绝大多数为井工矿开采的特点，促使我们必须更加重视煤矿井下环境危害与防治。

1.2.1 煤矿井下职业病危害因素分类目录

我国 2002 年发布的《职业病危害因素分类目录》中，有粉尘类 13 种，放射性物质类（电离辐射）12 种，化学物质类 56 种，物理因素 4 种，生物因素 3 种，导致职业性皮肤病的危害因素 8 种，导致职业性眼病的危害因素 3 种，导致职业性耳鼻喉口腔疾病的危害因素 3 种，职业性肿瘤的职业病危害因素 8 种，其他职业病危害因素 5 种。

2015 年 11 月，根据职业病防治工作需要，国家卫生和计划生育委员会与国家安全生产监督管理总局、人力资源社会保障部和全国总工会对 2002 年卫生部发布的《职业病危害因素分类目录》进行了修订，形成了 2015 年版的《职业病危害因素分类目录》。新版目录中，由原来的 10 类修订为 6 类，即粉尘类（52 种）、化学因素类（375 种）、物理因素类（15 种）、放射性因素类（8 种）、生物因素类（6 种）和其他因素类（3 种）。将原有的"导致职业性皮肤病的危害因素""导致职业性眼病的危害因素""导致职业性耳鼻喉口腔疾病的危害因素"和"职业性肿瘤的职业病危害因素"分别纳入上述 6 类职业病危害因素之中。

结合以上两次目录分类情况，梳理发现，涉及煤矿井下的职业病因素，重点有以下 9 类：

（1）矽尘（游离二氧化硅含量超过 10% 的无机性粉尘）。这种因素可能导致的职业病为矽肺。目录行业举例首选煤炭采选业，其中重点包括 11 个工种，即岩巷凿岩、岩巷爆破、岩巷装载、出矸推车、喷浆砌碹、岩巷掘进、煤巷打眼、煤巷爆破、煤巷加固、采煤运输、井下通风。

（2）煤尘（煤矽尘）。这种因素可能导致的职业病为煤工尘肺。目录行业举例首选煤炭采选业，其中重点包括 15 个工种，即煤巷打眼、煤巷爆破、煤巷加固、采煤打眼、爆破采煤、水力采煤、机械采煤、采煤装载、采煤运输、采煤支护、井下通风、采煤辅助、选煤运输、筛煤、煤块破碎。

（3）水泥尘。这种因素可能导致的职业病为水泥尘肺。目录行业举例首选煤炭采选业，其中包括喷浆砌碹、煤巷加固 2 个工种。

（4）氮氧化合物（化学因素）。这种因素可能导致的职业病为氮氧化合物中毒。目录行业举例首选煤炭采选业，其中包括岩巷爆破、煤巷爆破、爆破采煤 3 个工种。

（5）一氧化碳（化学因素）。这种因素可能导致的职业病为一氧化碳中毒。目录行业举例首选煤炭采选业，其中包括岩巷爆破、煤巷爆破、采煤打眼、水力采煤、机械采煤、采煤装载、采煤支护、井下通风8个工种。

（6）硫化氢（化学因素）。这种因素可能导致的职业病为硫化氢中毒。目录行业举例首选煤炭采选业，其中包括爆破采煤、机械采煤、采煤装载、采煤支护、井下通风5个工种（高温、高压类因素目录中没有包括煤炭行业）。

（7）局部振动（物理因素）。这种因素可能导致的职业病为手臂振动病。目录行业举例首选煤炭采选业，其中包括采煤凿岩、岩巷装载、岩巷掘进、煤巷打眼、采煤打眼5个工种。

（8）导致噪声聋的危害因素。这种因素可能导致的职业病为噪声聋。目录行业举例首选煤炭采选业，其中包括凿岩、爆破、装载、喷浆砌碹、水力采煤、机械采煤、运输7个工种。

（9）不良作业条件（压迫和摩擦）。这种因素可能导致的职业病为煤矿井下工人的滑囊炎。目录行业举例仅指煤矿采选业，包括煤矿井下相关作业的工种。

1.2.2 煤矿作业场所职业病危害防治重点

2015年2月，国家安全生产监督管理总局以73号令发布《煤矿作业场所职业病危害防治规定》，该规定第三条明确："本规定所称煤矿作业场所职业病危害（以下简称职业病危害），是指由粉尘、噪声、热害、有毒有害物质等因素导致煤矿劳动者职业病的危害。"从规定的内容分析，目前我国在煤矿作业场所防治的重点为这4种因素导致的煤矿职工职业病危害。

1.2.3 煤矿井下环境危害因素的重点场所

1. 粉尘危害因素的重点场所

粉尘是煤矿生产中主要的危害类别，其危害因素主要是矽尘、煤尘、水泥尘。粉尘危害因素主要集中在岩巷凿岩、岩巷爆破、岩巷装载、出矸推车、喷浆砌碹、岩巷掘进、煤巷打眼、煤巷爆破、煤巷加固、采煤打眼、爆破采煤、水力采煤、机械采煤、采煤装载、采煤运输、采煤支护、井下通风、采煤辅助、选煤运输、筛煤、煤块破碎等21个作业场所。可以说，在煤矿井下回采、掘进、运输及提升等各生产过程中以及煤矿地面煤台和发运站大部分作业中，几乎所有的作业操作过程中均能产生粉尘。

2. 噪声与振动危害因素的重点场所

噪声与振动是煤矿生产中很常见的有害因素，矿井内噪声主要产生于采掘机械、凿岩工具、局部通风机及运输设备。噪声危害因素主要集中在凿岩、爆破、装载、喷浆砌碹、掘进、打眼、水力采煤、机械采煤、运输等9个作业场所。噪声导致的主要疾病是噪声聋。振动危害因素主要集中在采煤凿岩、岩巷装载、岩巷掘进、煤巷打眼、采煤打眼等5个作业场所。局部振动导致的主要疾病是手臂振动病。

煤矿井下噪声与地面噪声相比，还具有自己的一些特点，如煤矿井下机器设备功率大，设备多，且作业空间狭窄，封闭，反射面大，易形成混合噪声等，严重影响工人的健康与生产安全。矿井内噪声主要产生于采掘机械、凿岩工具、局部通风机及运输设备。

井下噪声源主要分布在采煤工作面、掘进工作面和水泵房等场所。这些场所是机器最密集的，也是噪声危害最大的。另外，在带式输送机机头、给煤机、副井处的噪声也很大，同样对周围人员的正常工作造成影响。根据已有的研究发现，煤矿井下噪声源锚杆机、掘进机、除尘风机、局部通风机、风锤、水泵、液泵、采煤机等的噪声强度均超过了国家职业卫生标准，都大于 90 dB（A），而其中以锚杆机和风锤工作时的噪声最大，均超过 100 dB（A），凿岩机是井下采掘工作面应用最普遍、噪声最大的一种移动生产设备，是一种主要的噪声源，一般凿岩过程中产生的噪声级超过 110 dB（A）。矿井内振动主要产生于凿岩、采煤机械，尤以风动工具更严重。

3. 有毒气体危害因素的重点场所

煤矿井下有毒气体重点包括瓦斯、一氧化碳、二氧化碳、硫化氢、二氧化硫。煤矿井下有毒气体危害因素主要集中在岩巷爆破、煤巷爆破、采煤打眼、水力采煤、爆破采煤、机械采煤、采煤装载、采煤支护、井下通风等 9 个作业场所。

瓦斯来源于煤层、煤块、岩帮，多蓄积于巷道顶部。一氧化碳在通风不良的矿井可有蓄积，井下爆破、煤矿瓦斯爆炸事故、火灾事故会产生一氧化碳积聚；井下采用爆破作业的采掘头面，发生瓦斯爆炸事故、火灾事故回风流经过的巷道、硐室及老空区等地点容易产生一氧化碳。二氧化碳比空气重，所以在低洼处的浓度较高，废弃巷道、煤仓、盲巷及其他通风不良的区域容易产生二氧化碳。硫化氢主要存在于散堆的煤层内，在落煤时逸出，多积于矿井低洼处。二氧化硫一般产生于井下采用爆破作业的采掘头面，发生瓦斯爆炸事故、火灾事故回风流经过的巷道、硐室及老空区等地点。

4. 高温与高湿危害因素的重点场所

高温危害产生的重点场所是煤矿井下深部采掘的地方，高温导致的主要疾病是中暑以及神经系统疾病和心理疾病。随着矿井机械化水平的提高和开采深度的增加，地热、压缩热、机械散热及氧化热的影响，矿井的热环境气象条件不容乐观，因此矿井的高温热害及其治理是安全生产中不可忽视的新问题。大多数矿井平均地温梯度为 2.55 ℃/h m，在通风不良时矿井下易形成高温作业环境。

气湿取决于巷道中的水量，流入空气的温、湿度，以及岩层或煤层渗出的水量。当前，为了降尘，掘进、采煤基本采取了湿式作业，井下湿度更大。

5. 不良体位危害因素的重点场所

不良体位危害因素主要集中在井下薄煤层开采的作业环境或非薄煤层开采的特殊工种。

1.2.4 煤矿井下环境危害因素导致的疾病及机理

1. 粉尘疾病危害与机理

1）疾病危害

煤矿井下煤矿工人长期在粉尘环境中工作，可引起各种疾病，如尘肺病、肺气肿、尘源性支气管炎、慢性阻塞性肺部疾患等，危害最大的是尘肺病（矽肺、煤肺等）。尘肺是工人在生产过程中由于长期吸入高浓度的粉尘而导致的以肺组织纤维化为主的一种疾病。早期病人可感胸闷、气短、咳嗽、咯痰，似流感症状，随着病情进展，气短将越来越重，病人持续性地咳嗽、咯痰，并伴有咯血，最后可因心衰、肺衰、肺部感染等而死亡。尘肺病还大大增加了病人并发肺结核感染的机会，从而加速病情恶化，加重症状，增加治疗难度，使病死率增大。尘肺病人的肺癌发病危险性远高于非尘肺患者，从而严重威胁到工人的生命安全。

2015 年 10 月，中国煤矿尘肺病防治基金会理事长黄毅在全国煤矿农民工尘肺病现状调查及对策研究课题会议上说："到目前为止，尘肺病仍然是煤炭行业最为严重的职业病，据有关部门披露，现在我国累计的尘肺病患者 76 万，60% 在煤矿，这个数据是通过体检确诊的，潜在的尘肺病患者有多少？农民工尘肺病患者有多少？这还是一个未知数。"

2）机理

尘粒在呼吸道内的沉积机理主要有以下几种：一是截留。不规则粉尘沿气流方向被呼吸系统接触面截留。二是惯性冲击。由于鼻咽腔结构和气道分叉等解剖学特点，当含尘气流的方向突然改变时，尘粒可冲击并沉积在呼吸道黏膜上，这种作用与气流的速度、尘粒的空气动力学粒径有关。冲击作用是较大尘粒沉积在鼻腔、咽部、气管和支气管黏膜上的主要原因。在这些部位上沉积下来的粉尘如不及时被机体清除，长期慢性作用就可以引起慢性炎症病变。三是沉降作用。尘粒可受重力作用而沉降，沉降的速度与粉尘的密度和粒径有关。粒径或密度大的粉尘沉降速度快，当吸入粉尘时，首先沉降的是粒径较大的粉尘。四是扩散作用。粉尘粒子可受周围气体分子的碰撞而形成不规则的运动，并引起在肺内的沉积。受到扩散作用的尘粒一般是指粒径在 $0.5~\mu m$ 以下的尘粒，特别是粒径小于 $0.1~\mu m$ 的尘粒。

肺脏有排出吸入尘粒的自净能力，在吸入粉尘后，沉着在有纤毛气管内的粉尘能很快地被排出，但进入到肺泡内的微细尘粒则排出较慢。前者可称为气管排出，主要是借助于呼吸道黏膜所分泌的黏液，由于纤毛的运动而将不溶性或难溶性的尘粒排出；后者称为肺清除，主要是由肺泡中的巨噬细胞将粉尘吞噬，然后运至细支气管的末端，经呼吸道随痰排出体外。

关于粉尘的肺内的清除速率，有人用放射性气溶胶进行过研究，发现吸入的尘粒大部分在 24 h 内清除。在一个工作班中沉着在呼吸道黏膜上的粉尘大部分可在几小时之内被清除，只有未被排出的那部分粉尘长期累积，达到一定数量后与肺组织作用产生反应才能引起疾病。

3）沉积区域

尘粒在呼吸系统的沉积可分为 3 个区域：一是上呼吸道区（包括鼻、口、咽和喉部），二是气管、支气管区，三是肺泡区（无纤毛的细支气管及肺泡）。

一般认为空气动力学粒径在 $10~\mu m$ 以上的尘粒大部分沉积在鼻咽部，$10~\mu m$ 以下的尘粒可进入呼吸道的深部，而在肺泡内的粉尘才有可能引起尘肺病。

2. 噪声与振动疾病危害及机理

1）疾病危害

噪声污染已被国际上公认为新的致人死亡的慢性毒药，在一些作业场所，噪声达 80 dB 以上时会引起人们的听力损伤。煤矿工人长期工作在高噪声环境下，如果没有采取有效的防护措施，容易导致许多危害。一是危害听觉系统，甚至导致严重的职业性耳聋。二是危害神经系统，长期接触强噪声后出现神经衰弱综合征，比如头痛、头晕、耳鸣、心悸及睡眠障碍等。长期接触强噪声的作业人员可表现为易疲劳、易激怒（噪声性神经衰弱）。三是危害心血管系统，在噪声作用下，植物神经调节功能发生变化，表现出心率加快或减慢、血压不稳（趋向增高）。四是危害消化系统，出现胃肠功能紊乱、食欲减退、消瘦、胃液分泌减少、胃肠蠕动减慢等症状。五是危害心理健康，强烈的噪声还可能导致精神失常、休克甚至危及生命。噪声容易造成工人心理恐惧，加之对报警信号的遮蔽性，所以是造成工伤死亡事故的重要诱因之一。

煤矿井下各生产过程中在产生噪声的同时也产生振动，振动对工人的身心健康也存在巨大的影响。局部振动病是因长期接触强烈的生产性振动所引起的一种疾病，早期可出现肢端感觉异常、振动感觉减退，主要症状为手麻、手疼、手胀、手凉、手掌多汗、手痛（多在夜间发生），其次症状为手僵、手颤、手无力（多在工作中发生），手指遇冷即出现缺血发白，严重时血管痉挛明显。上肢的局部振动容易引起血管痉挛、溶骨症及骨坏死，全身振动对神经系统、血管等也有不良影响。这些身体状况异常虽然不会危及生命，但是严重影响了劳动者的生活质量。

2）机理

噪声就是嘈杂、有害、使人感到不舒服的声音。根据世界各工厂噪声性耳聋的调查研究及综合分析，在 80 dB 以下的职业性噪声环境下，一般不会引起噪声性耳聋；在 80 ~ 85 dB 环境下，造成轻微的听力损失；在 85 ~ 90 dB 环境下，造成少数人的噪声性耳聋；在 90 ~ 100 dB 环境下，造成一定数量人的噪声性耳聋；在 100 dB 以上环境下，造成相当数量人的噪声性耳聋。而听力损失在频率为 4000 ~ 5000 Hz 时最早出现，并且增长最快。

3. 高温与高湿疾病危害及机理

有些矿井由于地质条件和开采深度等原因，存在高温高湿现象，即使不是高温矿井，由于回采和掘进等生产过程中的湿式作业，也会使井下工作环境的湿度较高。

1）疾病危害

煤矿井下高温作业危害很多：一是高温导致心理和精神障碍。高温高湿的环境下，更容易造成工人的心理疲劳，产生焦躁、精神涣散等多项症状。二是高温导致事故。在高温环境下，人的中枢神经的兴奋性下降，注意力和肌肉工作能力、动作准确性、协调性以及反应速度均降低，大脑皮层兴奋过程减弱，条件反射期限长，注意力不集中，工作失误明显增加，使在正常情况下本应避免的事故发生，成为井下工伤事故发生的诱因之一。有调查显示，高温矿井的工伤事故发生率是非高温矿井的 1.7 ~ 2.3 倍。日本 1979 年全国调查统计，30 ~ 40 ℃气温的工作面的事故率比低于 30℃ 时的事故率高 3.6 倍。三是高温导致疾病。根据 1978 年我国卫生研究部门《井下工人健康状况 100 例》的统计，在气温 35 ~ 45 ℃、相对湿度 90% ~ 100% 的热湿环境中作业，会引起头昏眼花、乏力恶心、胸闷气短、心悸抽筋等症状，工人中高血压、心脏病、肠胃病及皮肤病发病率增高。四是高温对工作效率的影响。在高温矿井中，生产率较低，有的相对劳动效率仅为 30% ~ 40%。高温矿井工人在身体症状、精神症状和感觉症状方面的反应都明显高于非高温矿井工人，尤以采煤工种更为突出。

高湿一般伴随高温而产生，人们长期在高湿的矿井下作业，如果不能有效散发热量，容易出现中暑晕倒，严重时甚至出现死亡。除此之外，矿工如果长期在高湿的矿井下作业，还会患上风湿病、皮肤病、皮肤癌、心脏病及泌尿系统等疾病，同时使人心绪不宁、心情浮躁，诱发精神方面的疾病，严重影响矿工身心健康。

2）机理

高温热害对人体健康的影响和危害是一个涉及人体生理学、劳动卫生学、工程热力学、传热学、制冷学和现代环境保护科学等的复杂问题。

在高温作业环境中，一系列机体生理功能可能产生变化，如体温调节发生障碍导致体温和皮肤温度升高，盐、水代谢出现紊乱，循环系统、消化系统、泌尿系统等因大量失水而致病。

在高温高湿的环境中作业，能使人体温度增高。据测定，在湿度70%～80%，温度40℃的环境中，一个人裸体坐在椅子上2 h后，体温即达到39℃，在35℃环境中，体温达到37.5℃。从事劳动时体温会增加得更高。体温高，心跳加快，容易导致工人患上心脏病。

4. 有毒气体疾病危害及机理

瓦斯是一般民众对气体燃料的通称，其主要成分是烷烃，其中甲烷占绝大多数。瓦斯在煤体或围岩中是以游离状态和吸着状态存在的。瓦斯是无色、无味的气体，但有时可以闻到类似苹果的香味，这是由于芳香族的碳氢气体同瓦斯同时涌出的缘故。瓦斯对空气的相对密度是0.554，在标准状态下瓦斯的密度为0.716 kg/m³，瓦斯的渗透能力是空气的1.6倍，难溶于水，不助燃也不能维持呼吸，达到一定浓度时，能使人因缺氧而窒息，并能发生燃烧或爆炸。《煤矿安全规程》规定，采区回风巷、采掘工作面回风巷风流中甲烷浓度超过1.0%（或二氧化碳浓度超过1.5%时），必须停止工作，撤出人员，采取措施，进行处理。

一氧化碳是煤、石油等含碳物质不完全燃烧的产物，是易燃高毒气体。一氧化碳进入人体之后会和血液中的血红蛋白结合，产生碳氧血红蛋白，进而使血红蛋白不能与氧气结合，从而引起机体组织缺氧，导致人体窒息死亡，因此一氧化碳具有毒性。一氧化碳是无色、无臭、无味的气体，故易于忽略而致中毒。一氧化碳在水中的溶解度很低，但易溶于氨水。一氧化碳进入人体后产生的中毒作用，主要是损害神经系统。一氧化碳轻度急性中毒表现为头痛、头晕、心悸、恶心，进而症状加重，出现呕吐、四肢无力等症状，脱离中毒现场后症状可消失；中度急性中毒除上述症状外，表现为面色潮红，口唇呈樱桃红色，多汗、脉快、烦躁、步态不稳、意识模糊甚至昏迷，及时抢救一般无明显并发症或后遗症；重度急性中毒表现为迅速进入昏迷状态，牙关紧闭，强直性全身痉挛，大小便失禁。一氧化碳浓度极高时，数分钟内可致人死亡。《煤矿安全规程》规定，一氧化碳最高允许浓度为0.0024%。

二氧化碳是一种无色、无味的惰性气体，易溶于水、烃类等多数有机溶液。二氧化碳的正常含量是0.03%，当二氧化碳的浓度达1%时会使人感到气闷、头昏、心悸，达到4%～5%时会使人感到气喘、头痛、眩晕，而达到10%时会使人体机能严重混乱，使人丧失知觉、神志不清、呼吸停止而死亡。《煤矿安全规程》规定，二氧化硫最高允许浓度为0.5%。

二氧化硫是一种常温下无色有刺激性气味的有毒气体，有强烈硫黄味及酸味，密度比空气大，易液化，易溶于水氧化生成亚硫酸。二氧化硫轻度中毒时，表现为流泪、畏光、咳嗽、咽喉灼痛等；严重中毒可在数小时内发生肺水肿；极高浓度吸入可引起反射性声门痉挛而致窒息。皮肤或眼接触二氧化硫发生炎症或灼伤。长期低浓度接触二氧化硫，可有头痛、头昏、乏力等全身症状以及慢性鼻炎、咽喉炎、支气管炎、嗅觉及味觉减退等，少数工人有牙齿酸蚀症。《煤矿安全规程》规定，二氧化硫最高允许浓度为 0.0005%。

二氧化氮是一种棕红色、高度活性的气态物质。二氧化氮随温度变化而变化，在 21.1 ℃时为棕红色刺鼻气体；在 21.1 ℃以下时呈暗褐色液体；在 −11.2 ℃以下时为无色固体，溶于碱、二硫化碳和氯，微溶于水，对眼睛和上呼吸道的刺激作用较小。二氧化氮主要对肺组织有刺激作用。吸入二氧化氮气体初期仅有轻微的眼及上呼吸道刺激症状，如咽部不适、干咳等。经数小时至十几个小时或更长时间潜伏期后发生迟发性肺水肿、成人呼吸窘迫综合征，出现胸闷、呼吸窘迫、咳嗽、咯泡沫痰、紫绀等，可并发气胸及纵隔气肿。肺水肿消退后两周左右可出现迟发性阻塞性细支气管炎。二氧化氮对人体的慢性作用主要表现为神经衰弱综合征及慢性呼吸道炎症，个别病例出现肺纤维化，可引起牙齿酸蚀症，可能使人昏厥。《煤矿安全规程》规定，二氧化氮最高允许浓度为 0.00025%。

硫化氢是一种无色、剧毒、酸性气体，有恶臭（臭鸡蛋的味道），与空气或氧气以适当的比例（4.3%~46%）混合就会爆炸。硫化氢是一种急性剧毒，吸入少量高浓度硫化氢可于短时间内致命。低浓度的硫化氢对眼、呼吸系统及中枢神经都有影响。硫化氢浓度达到 0.000041% 时可以嗅到难闻的气味；当浓度达到 0.005%~0.01% 时，会对气管产生强烈刺激引发结膜炎；当浓度达到 0.06% 时，1 h 内导致死亡；当浓度达到 0.1%~0.2% 时，短时间就可导致死亡。《煤矿安全规程》规定，井下硫化氢最高允许浓度为 0.00066%。

5. 不良体位（姿势）疾病危害和机理

煤矿井下作业空间狭小，工人经常在不良体位（姿势）下工作，不适当的强迫性体位或工具很容易引起工人的职业性肌肉骨骼损伤疾患，如局部肌肉疲劳和全身疲劳，反复紧张性损伤和腰背痛等。这方面比较典型的疾病是滑囊炎，煤矿井下工人由于长期、持续、反复、集中和力量稍大的摩擦和压迫形成了这种疾病。煤矿井下工人滑囊炎的患病率约为 1.6%，在一些煤层薄、工作面低、机械化程度不高的矿区，其患病率可高达 14.39%。工龄越长、年龄越大，患病率越高。不同工种的患病率是有差异的，其中采煤工最高（65.78%），其次是掘进和开拓工（20.15%）。

1.3 煤矿井下环境治理措施概述

1.3.1 粉尘控制主要措施

1. 掘进工作面粉尘的控制和治理

喷雾洒水、湿式作业是矿井作业防尘的主要手段，在实际操作中做到合理设计防尘洒水管网，管路敷设应达到所有采掘工作面、硐室、输送机转载点、采掘工作面回风巷和运输巷道，并确保洒水管路的压力和水量能满足整个矿井喷雾洒水防尘需求。

2. 综采工作面粉尘的控制和治理

合理选择采煤机截割结构的结构参数和工作参数；在采煤机上设置合理的喷雾系统，进行高压喷雾降尘；在液压支架上设置喷雾（间架喷雾）控制阀，供移架及放煤时自动喷雾降尘；采用合理通风技术，设置最佳风速。

3. 锚喷支护作业面粉尘的控制和治理

设置合理的锚喷工艺,采用气力自动输送、机械搅拌、湿喷机喷射等措施;设置通风排尘、喷雾洒水、水幕净化、除尘器除尘设施措施。

4. 普掘工作面粉尘的控制和治理

采用湿式凿岩打眼、水封爆破及水炮泥、爆破后喷雾洒水、水幕净化、冲洗岩帮及装岩洒水等作业方式作业。井下风动凿岩开钻时应先开水后开风,停钻时应先关风后关水。

5. 装载运输作业中粉尘的控制和治理

在装载机上配置喷雾洒水装置,对转载点进行喷雾洒水。

6. 个体防护

督促工人佩戴防尘帽和防尘口罩。

7. 其他防尘措施

对破碎机进行喷雾洒水降尘,并对破碎机实行密闭;在运输巷每隔 200 m 左右设置 2 ~ 3 道水幕降尘。

1.3.2 噪声与振动控制主要措施

1. 控制噪声源

减少机器设备本身的振动和噪声,从根本上解决噪声污染。如选择低噪声的设备,在设计上,要通过减少激发力,隔离或阻尼机械振动,或改变零件的固有频率以避免共振,通过优化传动方式,减少机械间的摩擦以控制噪声;在制造上,要不断提高设备的加工精度和安装工艺水平控制噪声。加强维修保养,加强零部件保养,及时更换受损零件,不让零部件松动以减少噪声。

爆破掘进巷道作业中,凿岩机是强噪声源,应推广使用新型凿岩机消声器。同时,注重凿岩机的技术革新,以电动或液动代替风动凿岩机,研究新型钎杆等方法降低凿岩机的噪声。

采煤工作面的主要噪声源为采煤机和刮板输送机,消除采煤工作面噪声的主要方法如下:

(1)煤层注水预湿煤体,使煤软化,降低煤的强度和硬度,减少割煤机的截割和破碎噪声。实践表明,煤层水分增加 3%,煤的单轴抗压强度下降 32%,硬度下降 0.5 ~ 1.5,截割和破碎噪声可降低 10 dB(A)左右。同时注水对防止采煤工作面的粉尘具有良好的效果。

(2)选择合理的截齿,降低滚筒转速和截齿数,提高牵引速度,也可以降低采煤机噪声,同时可以减少煤尘污染。

(3)对刮板输送机可以采用隔声罩降低噪声,同时刮板输送机应尽量避免空载运行。

2. 控制噪声传播

在使用上,靠在设备上安装隔声罩以隔噪;在机器下面垫以减震的弹性材料以隔振;将某些胶状材料刷到机器的表面上,增加材料的内摩擦,消耗机器板面振动的能量以减振。

3. 控制噪声接受

采取个人防护。使用个人防护用具是减少噪声对接受者产生不良影响的有效办法。在工作面环境中，工人需佩戴防护用具。不同材料防护用具对不同频率噪声的衰减作用不同，应根据噪声的不同频率特性，选择适宜的防护用具。采掘工作面要求工人佩戴听觉保护装置，如耳塞等。

4. 其他控制措施

在通风机房室内墙壁、屋面敷设吸声体；在压风机房设备进气口安装消声器，室内表面进行吸声处理；对主井绞车房室内表面进行吸声处理，局部设置隔声屏；对操作人员长时间接触的其他高噪声厂房采用吸声处理的方法；临时锅炉鼓风机、引风机进出风口设消声器，基础加减震垫，采用隔声屏和墙面安装吸声结构控制噪声。

1.3.3 有毒有害气体防治主要措施

1. 瓦斯防治

用矿井通风和控制瓦斯涌出等方法，防止瓦斯浓度超过规定（如瓦斯抽放、加强通风等）；对于可能发生瓦斯积聚的区域，应强化通风管理。

2. 针对盲巷或废弃巷道的防治

需要进入闲置时间较长的巷道作业，必须先通风后作业。在生产中出现盲巷或废弃巷道时，应及时密闭或用栅栏隔断，并设立警示牌。

3. 针对采空区的防治

要做好采空区的密闭工作，减少采空区瓦斯涌出量。

4. 针对采煤工作面的防治

要适当加大综采面通风量，采煤工作面回风隅角附近设置木板隔墙或帆布风障，引导风流，吹散积聚瓦斯。

5. 建立严密的操作规程

加强宣传教育，作业人员严格按照规程操作。

6. 定期检查

定期对各通风设施进行检查，使其保持完好，确保通风系统正常运转。

7. 按程序操作

在进行污水处理站清淤、清理作业时，应严格按程序操作，先通风后作业，必要时佩戴空气呼吸器进入池内，防止硫化氢等废气中毒。

1.3.4 高温高湿防治主要措施

高温高湿的防治重点是采取局部降温的方法，其中包括制冷、输冷、排热3个环节。

局部降温系统主要由制冷主机、蒸发器、冷却系统3部分组成。主机中的压缩机将吸收热量的低压气态制冷剂压缩为高压高温蒸气，通过制冷主机中的冷凝器将热量传递给冷却水，同时制冷剂变为低温高压液态制冷剂，低温高压状态下的制冷剂通过膨胀阀，变为低温低压气液两相混合物进入蒸发器，其中液态制冷剂在蒸发器中蒸发吸热，降低通过蒸发器空气的温度，达到制冷降温的目的。吸热后的制冷剂以低压气态进入压缩机再次进行循环。

除此之外，个体防护也是高温高湿防范的重点，即在煤矿井下无法采取常规降温措施的情况下，通过矿工穿着矿用降温服来实现个体降温。这是一种投资少（制冷成本仅为其他制冷成本的1/5左右）、见效快、运行经济、高效节能、智能可靠的降温方式。

温湿度控制的基本方法包括以下 4 种：一是适当合理加大风量；二是生产集中化，减少掘进工作面，减少井下散热点；三是工作面煤壁注水，起降温作用；四是在井底车场设制冷机硐室，制出的冷水经输冷管道送至各采掘工作面空冷器，冷却工作面风流。

1.4 我国煤矿井下安全健康环境治理存在的问题与对策

1.4.1 问题

随着煤矿经济形势恢复性好转，职业安全卫生投入也普遍有所增加，使煤矿在产量大幅度增长的同时，煤炭安全和职业健康工作取得了飞跃发展。但是，必须看到我国在煤矿井下环境治理和井下矿工安全健康保护方面的问题。

1. 思想重视不够

煤矿工作条件十分复杂，水、火、瓦斯、煤尘、顶板五大自然灾害严重威胁着煤矿工人的生命安全。这些问题已经得到政府和企业的高度重视，资金投入和监管力度不断加大，效果也比较显著。与此相比，政府和企业对生产环境中存在的粉尘、噪声、振动、高温高湿、不良体位等职业危害因素的重视程度却远不及对五大自然灾害的重视程度，因粉尘等职业危害因素每年造成的职业病患者的死亡人数远远高于工伤事故的死亡人数。

思想不够重视，首先表现在煤炭企业领导层，煤矿井下环境与矿工安全健康（主要指职业卫生方面）没有引起煤炭企业领导层的高度重视，很多领导都是在被动的情况下或应付上级检查时重视一阵子。其次表现在煤矿井下的矿工，在煤炭企业井下作业的过程中，自我防护的意识还不够强，很多井下矿工存在大意思想和或侥幸心理，也有相当一部分矿工根本不了解职业卫生这个概念。对于煤矿井下局部工程发包给社会其他施工企业管理，或煤矿整体出租给非专业公司经营的煤矿，这类问题就表现得更加明显了。

2. 技术支撑不够

我国目前虽然有中国安全科学研究院等单位的积极努力和发展，但是，在煤矿安全健康技术的研发方面仍然具有较大差距，没有先进的技术做支撑和后盾，煤炭企业只能在原有的老路上徘徊。

技术支撑不够的原因主要有以下 5 个方面：一是国家对煤矿安全健康的技术投入不够；二是企业采取先进技术设备的积极性不高；三是煤矿安全健康技术市场培育不够；四是技术研发的合作机制不畅，科研院所与煤炭企业、科研单位与安全健康设备生产企业的合作以及科研成果转化方面都存在明显不足；五是技术研发主体单一，更多集中在煤矿高校和国有科研院所。

随着我国煤炭开采深度的增加和开采强度的加大，煤矿灾害治理的难度和复杂性增加，应大力开展安全科技创新，推广先进煤矿灾害防治技术，如瓦斯抽放、安全监测监控、事故预警等方面的新技术、新装备，并为保证设施设备的安全可靠运行建立高层次、全方位的技术基础。

3. 人员培训不够

煤矿井下从业人员的安全健康培训是职工培训的重要内容，我国煤炭企业在这方面的不足主要表现在以下 4 个方面：一是培训教材不太规范，煤矿安全健康的培训教材管理相对比较松,很多培训机构特别是一些煤炭企业的内部培训教材编写质量不太高;二是现场培训和理论培训脱节;三是培训考核机制不太完善;四是培训计划层级不够,有的企业的安全健康培训计划局限于本矿职业卫生科(有的职业卫生职能归口安检科)的科室计划,层级较低,没有纳入全公司或全矿人力资源培训的总体规划,在资金的落实方面也薄弱。

4. 职业卫生管理不够

一是煤矿项目卫生专篇设计管理不够。各煤炭企业虽然按照规定,在建设项目的设计中包括了"职业病防治技术设计专篇",但是许多煤炭企业的卫生专篇为设计而设计,有的设计存在应付检查、应付项目审批部门的问题;二是煤矿井下工人的健康档案不够完整连续;三是煤矿井下工人职业病健康体检水平不高,很多煤矿地理位置偏僻,医疗条件差,体检设备老化落后,医务人员专业素质低,使煤矿工人的职业病体检走了形式。

5. 惩罚力度不够

发达国家对煤矿井下安全健康事故的处罚比较严厉,使得煤矿企业极为重视安全健康,因为企业赔偿的数额远远超出在安全健康方面"偷工减料"节省下的数额。相比之下,我国煤矿事故的惩罚力度还不够大。

6. 专业协调不够

煤矿井下环境与矿工安全健康工作涉及的行业和学术专业领域比较多,如煤矿职业卫生、煤矿职业医学、煤矿临床医学、煤矿井下卫生毒理、职工劳动保护和社会保障等,需要具有良好的协调机制。但是,目前这些专业之间相互沟通、联系不够紧密。这项工作缺乏一个协调机构定期组织有关专家和企业、行业协会交流沟通,也缺乏一个工作协调与技术交流的平台。

1.4.2 对策

煤矿井下环境与矿工安全健康工作是一个庞大的系统工程,必须采取综合性措施,从法律法规、科技进步、行政执法监察、工伤保险、宣传培训等多方面采取措施,才能真正维护煤矿井下工人的生命和健康权益。为了进一步推进我国煤矿井下环境与矿工安全健康工作,提出以下建议。

1. 增强煤矿井下工人的思想自觉性

要广泛宣传,提高认识,使每一名煤矿井下工人都能够了解煤矿井下环境的危害因素,熟悉国家关于矿山职工职业卫生的一系列法律法规,增强维护自身安全健康权益的自觉,并逐渐引导一线矿工从被动防护向主动防护转变。

2. 增强煤矿井下工人的技术自觉性

一是组织开展井下安全健康科技普及活动。要在矿工队伍中深入开展科学普及教育,其中把煤矿井下环境与矿工安全健康方面的科学原理、科技成果、新型防护设备技术等作为科普工作的重点加以推进。

二是教育前置,煤矿职业卫生进课堂。教育前置就是在进入煤炭企业特别是煤矿井下作业之前,接受煤矿井下环境与矿工安全健康方面的教育。建议在各煤炭类高等院校和中专技校设置专门的煤矿职业卫生专业,或在采煤、地质、机电、测量、通风等专业的课程安排中增加煤矿职业卫生课程,使学生在接受煤矿生产教育的同时,接受煤矿井下安全和健康教育。在教材的选定上突出实用性，增强理论性。

三是提高煤矿井下工人队伍的学习经历门槛。建议全国范围内实行没有接受过中专技校以上教育（含中专技校）的人员一律不得到煤矿井下作业的措施，这样可以对提高井下工人队伍的素质、节约安全健康教育成本、缩短见习期间、减少安全健康事故都具有积极意义。这一点，山西省已经实行了好几年，效果非常明显。

3. 加大惩罚力度

我国现有煤炭行业对职业安全健康工作重视不够的重要原因是因为惩罚不够严厉，经过几轮修订，刑事处罚相对比较完善，但行政处罚还存在力度不大的问题，在国有煤炭企业对干部的处罚也存在力度不大的问题，对责任人的追究不够明确。

4. 推进技术研究和成果转化

一是要加快煤矿井下安全健康危害的技术理论研究。建议每年设置国家和地方两个层级的科研项目，国家立项的纳入国家煤矿安全监察局管理，地方立项的纳入省级煤矿安全监察部门或科技部门。

二是要加强煤矿安全健康科学技术研究单位主体与设备产品生产单位的合作。

三是要积极推广新技术新产品，国家和省一级的煤矿安全健康管理部门可以发挥自身的优势，积极推广科技含量高、实用性强的煤矿井下安全健康防护用品、检测设备、报警仪器等，推广工作不能局限于发个文件或下个通知，而要创新推广方式，提高推广效果，比如召开煤矿井下安全健康防护技术成果发布会、新产品新材料博览会、专门产品推介会等。

5. 积极发展煤矿职业卫生管理

一是改善煤矿井下工人职业病的体检条件。由国家或省一级煤矿安全健康管理部门统一提供补助资金，为特定地区的医院配备矽肺病检查、治疗等医疗设备。

二是发挥煤炭类职工医院的作用。逐渐恢复原煤炭工业部在全国建设的煤炭职工医院的职能，提高业务人员的专业素质，真正体现煤炭职工医院的"煤炭"性质。

三是加强对煤矿建设项目职业卫生专篇的设计审核与管理，既要加强设计阶段的管理，更要重视项目上马后煤矿职业卫生设计的落实。

四是加强煤矿井下工人职业病防治档案的管理和研究。不能仅仅局限于档案的保管，必须对档案中的各种数据进行深入研究，从经营管理、人员年龄结构、人员学历结构、各工种区别等方面进行深入分析，形成研究成果，为本企业提供决策参考。

6. 建设煤矿井下环境与矿工安全健康技术交流平台

中国职业安全健康协会是具有影响力的职业健康技术交流平台，但是，在该协会的3个工作委员会、13个专业委员会、10个分会中，煤矿井下工人的职业健康工作还不是特别突出，作为煤炭行业，最好建设自己本行业的职业健康技术研究和交流平台，定期举办各种技术交流活动，开展煤矿井下一线场所走访调研活动，建立煤矿井下安全健康QQ群、微信群等新的网络交流平台。

总之，煤矿井下环境与矿工安全健康既是全国几百万井下煤矿工人极其关心的工作，也是几百万井下煤矿工人家庭关心的工作，在现有的国力、财力、技术条件下，我们还有许多不到位的地方，在法律法规建设、安全健康标准制定、安全健康技术研究和产品开发、职业安全健康教育等方面与发达国家还有较大的差距，与煤矿工人的诉求和期望还有较大的差距。煤矿井下环境与矿工安全健康工作应该作为煤炭行业或煤炭企业整体调整转型规划发展的重要内容，希望在煤炭系统整体走出新路的同时，煤矿工人的安全健康事业也迈出华丽的一步。

2 国内外煤矿井下环境与矿工安全健康法治

2.1 国外煤矿安全健康管理法治概况

2.1.1 美国煤矿安全生产法律制度

美国拥有一套系统全面、功能完善的煤矿安全法律法规体系，自 1891 年美国通过第一个矿山安全法案开始，到现在已出台 10 多部安全生产法律。1910 年，隶属于内政部的美国矿业局成立，它与其他州政府制定了一些安全生产规定和事故处理办法，矿业局负责安全技术计划实施与制定事故防治措施工作。

1941 年，第一部安全法规在美国颁布，它主要规制烟煤和褐煤矿井生产。同时，美国建立煤矿安全监察机构，经国会授权，可派安全检察员进入矿山开展监察工作，可行使部分监察权。1952 年，《联邦煤矿安全法》出台，矿业局被授予包括评估民事罚款权，发违规传票和撤离矿工命令等一系列权利，矿业局的监察权得到了进一步扩大。1966 年，《联邦煤矿安全法》进一步修改了监察权，使监察范围得以扩大。此前的法律规定以劝告性为主，强制性条款比较少。1969 年，通过了《联邦煤矿安全与健康法》，相比以前法律法规，规定了更为全面、严格的煤矿安全标准、健康标准和一些特别程序，第一次将煤矿健康标准写人该法，为劳动者提供了更为全面广泛的保护，同时也扩大了煤矿安全监察员的执法权力，对每年煤矿安全生产的检查次数和违法行为应负的法律责任等都进行了明确规定。1973 年，矿山监察与安全管理局成立，它承担了矿业局部分强制执行能力。

1977 年，卡特总统颁布了《矿山法》，并将《联邦金属和非金属矿安全法》和《煤炭法》进行了合并修改。该法全面严格地规制所有矿山生产活动，成为美国煤矿安全生产法律的基础，它是对全国矿山安全与健康实行监管的最高法律。该法开篇重申了国会声明：一是煤矿矿山最贵的资源是从业人员的健康与安全；二是改善矿山工作条件，预防伤亡事故和职业病发生；三是矿山经营者必须对矿山不安全不健康工作条件负责。它确定了 4 项制度：

一是安全检查经常化，规定了每年各种类型煤矿检查次数下限，即露天煤矿每年至少检查两次，井下矿井每年至少要检查 4 次。

二是事故责任追究制，若发生了严重的煤矿安全事故，必须严格按照法律规定追究相关人员的民事、行政或刑事责任。

三是安全检查"突袭制"，进行保密检查而不得泄露安检信息，不得对煤炭企业通风报信，如果出现信息泄露，则会严查到底，追究相关人员的法律责任，这就可以防止企业形成临时应付检查心理，有利于督促企业搞好安全生产，增强安全意识。

四是连带事故责任，如果监察人员出具错误的、具有误导性的检查报告，矿业设备厂商供应者提供的是有安全隐患或不安全的设备，则二者应负连带责任，轻者罚款，重则会处以刑罚。依据《联邦矿山安全与健康法》，美国政府成立了委员会，它的宗旨在于加强煤矿职工、煤炭企业和政府三方之间的交流与联系，共同保障煤矿安全生产。

1997年，成立了由国家、雇主、矿工三方组成的矿山安全与健康委员会，规定委员会有15名成员，同时还明确规定每两年召开一次会议，它是矿山安全与健康最高级别的会议，主要目的在于解决矿山安全与健康方面的相关事宜。《联邦法典》第30卷明确规定矿山安全与健康监察局每年都需进行一次修订，基本囊括了煤矿安全立法所有内容，如详细规定了教育培训、审批评估、违法行为的法律责任等立法应具备的内容。1995年，《煤矿安全监察程序》发布，之后两年修订三次后沿用至今，成为监察员的工作指南。

2006年，美国发生了两起震惊全国的矿难事故，引起了政府的高度重视。当年6月，布什总统签署《2006年煤矿改善与新应急响应法》，它是美国安全健康法史上最全面最完善的法律，详细规定了应急救援等方面的技术标准和法规，如每座矿山要配置两支以上的救护队，并规定了驻地距离以便及时开展救援抢险工作。

2.1.2　英国煤矿安全生产法律制度

早在200多年前英国就有健康安全方面的法律规制，1802年的《学徒健康与道德法》有矿工的劳动保护、劳动时间、工业卫生标准等方面的规定。1842年《矿山与矿山法》颁布，1847年又出台了《十小时法》，随后，1850年英国政府发布了《煤矿安全监察法》，它对安全监察员和用电安全以及救护措施等方面都进行了详细的规定。《工厂法》也于1864年出台，使英国成为世界上第一个将职业伤害补偿范围纳入职业病的国家。1906年的《职业补偿法修正案》赔偿范围中就已囊括6种职业病，1954年《矿山与采石场法》严格规制了包括矿井通道、有毒气体、易燃气体、氧含量以及安全监察员和矿主等方面内容。

1974年，英国颁布《职业健康与安全法》，它的适用对象包括所有行业，是英国在安全规制方面最重要的一部法律，它对煤矿企业主所负的保障矿工工作健康安全责任作出了明确规定，还要求煤矿企业主应严格履行为矿工提供良好的工作环境和保障矿工人身安全，保证生产设备的安全性能和符合法律对生产工艺安全卫生方面的要求的义务，特别是这一法律的执行还得到了法院的大力支持。法院刑事法庭专门处理与矿工安全健康相关的事宜，如在煤矿企业的设备安全性能和给矿工提供的工作环境不能符合法律规定的情况下，矿工为了维护自身利益，有权向刑事庭提起相关诉讼。这与《雇主法》的有关规定相契合，也为矿工对雇主提供的工作环境和权利遭到侵害时的救济途径作出了明确规定。这些法律的颁布实施使企业安全管理得到了进一步规范，为矿工设定了诸多权利，极大地保护了矿工的合法权益，使英国煤矿安全生产状况明显改善。

到1994年，《煤炭工业法》正式实施，煤炭管理局成立，它的主要工作是发放采矿许可证及其相关管理事宜。作为欧盟成员国，在遵守欧盟法律的情况下，英国制定国内法律时应避免与欧盟法律的相关法律法规相冲突，如英国出台的6个安全条例便是严格依据欧盟法律的典型，6个方面的条例（工作设备、防护用品、操作、显示设备、设计管理、工作场所）组成了英国《工作健康与安全管理条例》。

不仅如此，英国还在全国范围内实施了欧盟许多指令，如英国1999年颁布的《职业安全健康和福利条例》，就吸收了1989年《欧盟职业安全健康框架指令》的法律内容，同时吸收了 1999 年欧盟的《职业安全健康管理规程指令》。另外，英国建立了一套中央与地方职业安全监管体系，在中央由职业安全与健康执行局对煤矿安全生产加以监管，在地方由分支机构监管。

英国处理安全事故也形成了一套完善的机制。首先，成立了安全监察部门统一指导的由安全监察员、矿工代表、企业技术人员、管理人员组成的事故调查组。其次，进行事故调查处理，具体做法是先由监察员、各部门工程师现场勘查，依据调查情况进行调查组的人事安排；然后由调查组负责人进行情况汇总和报告。再次，进行事故处理，由健康和安全执行局向法院提起公诉，从而判定煤矿企业应承担的经济处罚或刑事责任。

2.1.3　德国煤矿安全生产法律制度

德国是一个高度关注煤矿安全生产的国家，《煤炭安全法》构成了德国联邦宪法的重要组成部分，各州也都有符合本州实际情况的法律法规体系。1995 年修订的《联邦矿业法》，详细规定要对矿工安全健康实行保护，之后发布的《硬煤开采条例》和《矿山职工健康保护条例》都是根据《联邦矿业法》制定的。德国有一套完备的法律法规体系保障职业安全卫生，有《劳动保护法》《劳动安全法》《工伤保险法》和《设备安全法》等，其中新的《工伤保险法》于 1996 年通过。

德国的工伤保险制度源远流长，已有 120 多年历史，它最早建立了工伤保险制度，因此也非常发达。以 1884 年的《伤亡事故保险法》作为其标志，工伤保险工作由同业工会负责，各工会遵循共同的原则即权利义务对等原则、社会平均原则、工伤保险费雇主缴纳原则，并设立了多级安全技术检查部门和配备了充足的监督员队伍，形成了监督检查管理网络。

不仅如此，还设置了技术支援机构、医院和研究室，重视咨询研究工作，并给企业配备医生负责员工健康，预防工伤事故和职业病。德国工伤保险重在预防，政府、同业工会、企业都以"预防为主"作为其指导思想，然后是医疗康复，最后才是赔偿。工伤预防采取的是双轨制，由同业工会实行技术安检，国家行政部门和工伤保险机构进行企业安全监督，这种模式非常奏效，使德国煤矿安全事故大幅度降低。而《劳动保护法》明确了雇主责任，规定雇主在生产时要进行岗位安全评估，提供安全先进技术措施来防范危险发生。

在监管方面，德国设立了 3 支定期或不定期巡查的执法非常严格的安全监察队伍，每周都会实行井下突击检查，保险联合会作为工伤事故的保险公司还经常派安全专家深入矿井进行不定期巡查，而安全管理人员也很注重煤矿井下的日常监管，实行全天候不间断监察。除此之外，作为自治性法人团体的德国矿业工会也起了重要作用，它制定了一些技术标准，得到了煤矿企业的贯彻执行，同时还制定了安全卫生规章，尤其关注对矿主和矿工进行免费的安全培训。

还需提及的是，它主要负责发放赔偿金，预防职业病和矿山事故以及为矿工提供医疗服务。采用浮动保险费率激励企业形成安全自觉，通过采取对安全状况好的企业降低费率，对事故率高的企业提高费率的方式进行激励。进行煤矿安全卫生方面的理论研究，促进了德国煤炭行业的健康有序发展。德国还积极研发先进技术，采用"全自动车自动选煤"技术进行高危作业，对故障机器设备只需矿工利用"数字眼镜"就能检查出来，从而替代了矿工的部分维修工作，煤矿安全生产得到了技术保障。

德国非常重视安全培训工作，规定矿工要有 3 年以上的矿业学校和矿山实践工作培训，只有通过了集中培训才能成为正式职工，并且在工作后也需经常进行定期培训；对安全生产状况良好的煤矿企业矿工实行提薪激励。

2.1.4 澳大利亚煤矿安全生产法律制度

依据 1984 年制定的《职业安全卫生法》，1994 年澳大利亚颁布了《矿井安全与健康法》。由于采矿业的不断发展和技术更新，为实现法律最佳实施效果，该法规定经常修正法律条文，每 5 年修改一次。澳大利亚实行联邦和州政府两级规制，联邦政府的职责在于制定立法和技术标准，各州政府则根据地方具体情况制定适合本州的安全生产和职业健康法律法规，从而大大提高了矿山安全法的覆盖面。企业经理要在政府部门进行注册，同时还需认真熟悉煤矿安全生产政策法规，并且要确保生产安全环保和矿工健康；每个煤矿公司都必须有专门负责安全生产的副总经理，并建立起安全自保体系；安全生产的总负责人是各个企业的总经理，定期组织召开安全会议，进行安全研究，经常对安全设备实行检查，督促安全生产投入和提升安全检测系统。

新南威尔士州是澳大利亚煤矿产量最多的地方，1982 年，颁布了《煤矿规程》，并于 1999 年进行了修订。1986 年，《煤矿监督员资格管理条例》开始实施。2002 年，出台了《煤矿健康和安全法》。2006 年，发布《煤矿健康和安全规章》，该法对矿主的义务作了相应规定，要求其完善紧急管理体系，积极履行职责，确保煤矿工人的安全健康。2007 年，发布了《矿山健康与安全规范》，其配套法规在 2008 年开始正式施行。西澳大利亚州在 2004 年对《矿山安全与监察法》进行了修订，有关法律规定，雇员保证自身的职业健康是一项义务，若没有按照现有规定对自身采取相应的保护措施或者知道有安全隐患存在而不及时上报都是违法；同时矿工还有拒绝在危险环境下工作的权利，倘若矿主出高薪让矿工在有损健康的环境下工作，矿主也算犯法，而在此情况下，若矿工接受了高薪从事工作，也是违法的表现。

另外，澳大利亚煤矿安全生产的管理和执行制度已相当完善，虽然它对安全生产实行自上而下的管理模式，但其仍然是在立法的指导下行使管理手段，各级政府、煤矿企业、安全管理部门应严格依法执行，企业还实行安全保障制度。新南威尔士州政府规定必须由联合委员会进行风险评估，并且委员会有提出建议的权利。澳大利亚事故处理拥有一套缜密的制度，采取了罚款和追究责任相结合的方式，一旦被定性为安全事故，除了要实行高额罚款外，还要追究煤矿企业、经营者、管理人员等的行政或者刑事责任。特别是在新南威尔士州，如果矿难中发现有人员死亡，则矿主会被罚款一百万澳元以上，有时甚至还会导致企业停产或关闭。

澳大利亚行业协会也起了重要作用，他们极力提倡安全观念，经常在全社会实行安全普查，使安全文化在澳大利亚人心中生根发芽。

上述诸方面的有效整合，为澳大利亚矿业安全生产奠定了坚实基础。

2.1.5 日本煤矿安全法律制度

尽管日本的煤炭大量依赖进口，但日本的煤矿安全管理具有相当高的水平。"安全第一，生产第二"的这一安全理念正是日本在世界上第一个提出。基于以人为本的理念，日本提出了煤矿"零灾害"的目标,舍得在安全上大量投入,以确保安全生产和工人生命安全。重视安全管理结果,注重实地演练,全矿井每季度进行一次安全撤退演习。在事先不告知矿工的前提下,假设某处有灾害发生,要求矿工以最快的速度安全撤离。每月对矿工进行一次避灾培训。在瓦斯管理方面,为了使安全管理更具可操作性和时效性,根据实际情况申请部分符合条件的区域为"特免范围",在此范围内可以使用非防爆设备;井下瓦斯浓度规定为主要回风流在1.5%以下,通行地回风流在2%以下。在国家层面颁布了《矿山安全法》,从立法层面保证了矿山安全监察的法律地位。

早在1949年,日本就颁布了《1949年矿山安全法》,随着技术的进步,定期由通商产业省环境立地局组织进行修订。在日本,煤矿安全监察体制实行中央垂直管理体制,国家在重点产煤地区由通商产业省派驻矿山安全监督机构,在矿区集中的地区由当地的矿山安全监督部派驻安全监督专员。由通商产业省负责监督部门行政负责人的任免。由中央财政拨付经费,矿山安全监督机构与驻地政府没有任何行政和财务关系。同时安全监督部门还负责对煤矿安全装备等补助计划立项、审批。

国家对煤炭行业实行计划管理。矿山的安全监督部门的计划单列,同样采取中央垂直管理的办法,其他一般行业的安全监督管理则由当地政府负责。国家从财政方面上给予补贴,采取重点补助政策。政府关于煤矿的财政预算每年围绕煤矿安全生产进行,听取有关部门预算申请报告,包括安全装备及工程、安全技术开发、安全成果转让、安全培训等,安全培训费用一年预算可高达1.5亿~3.0亿日元。安全科技研发费用煤矿企业仅承担1/3,国家补贴2/3。煤矿的岩石巷道掘进,国家同样要给补贴。煤矿有关的安全工程设施及安全装备仪器仪表等,国家补贴80%左右,其余小部分才由企业承担。日本国产煤炭的价格是进口煤炭价格的3倍以上,对国产煤炭指定用户,实行价格保护政策,政府通过特别补贴方式维护本国的煤炭产业。日本对国内煤炭行业的补贴和安全投入机制,是保证日本煤矿的生存和安全发展的重要方面。

2.1.6 俄罗斯煤矿安全管理法律制度

俄罗斯成立了独立的煤矿安全监管机构,专门负责安全生产的监督。起初,由俄联邦工业和矿山监察局负责管理煤炭行业,后来经过改组,俄罗斯政府赋予它更大的权力。其主要职责是监督有关工业安全立法的执行情况并提出完善措施。俄联邦工业和矿山监察局通过颁发通行证的方式,来管控高危行业,监督和管理该行业的生产安全。此外,在制度方面,制定相关措施防范生产事故;同时,还进行一些与安全生产相关的科研项目。进一步加强法制建设,不断完善法律法规,保证煤矿安全生产。

近些年,俄罗斯出台了一系列相关的安全法律法规,监督各种所有制企业安全生产。其中最重要的是《危险生产项目安全生产法》,该法详细规定了从设计到投产各个阶段对企业的安全要求,以及从中央到地方负责安全的官员和安全监察员的权力和职责。此外,为了使生产安全管理规范化和制度化,政府有关部门还制定了几十个相关的规定和条例。实行安全许可证制度,加强对企业的监督,尤其是对煤矿等高危行业。那些危险性强的生产企业被要求实行单独注册,只有在这些企业获得安全许可证后,方可进行生产。目前,共有15.7万家危险生产企业在国家注册登记。同时,通过定期或不定期检查企业的安全生产情况,国家对企业颁发、中止和收回许可证,以此来管理和督促。2002年,俄罗斯出台了行政法，加大了处罚生产安全违规者力度。由俄联邦工业和矿山监察局的相关负责人把违规者的材料递交给法院和有关司法部门。基于工业安全生产对社会的严重影响和极大的辐射效应，新制定的《刑法》规定了各种违反安全生产法所必须担负的刑事责任。采取严厉的行政手段，关闭大量严重亏损和开采条件极差的煤矿。

20 世纪 90 年代初，俄罗斯的井工煤矿和露天煤矿共有 273 个，职工 85 万名。1993 年，俄罗斯对煤矿行业进行改革，自此以来，停止开采 187 个煤矿，整个煤炭行业职工人数缩减了 60% 以上。除了对煤矿和矿工数量进行改革，还在煤矿种类上进行了改善，增加安全、高效的露天煤矿，扩大其开采规模。20 世纪 90 年代初，露天煤矿的数量仅有 63 个，截至 2002 年已经增加到了 125 个。

从 20 世纪 90 年代末起，俄政府把改善矿工工作环境放在首位，投入专项资金，改造煤矿工作条件。90 年代末到 21 世纪初，俄政府投入 61 亿卢布用于煤矿治理，其中一半多的资金来源于政府预算。1998—2002 年，政府利用一些专项基金（大约 11 亿卢布）来做好煤矿事故的善后工作。同时，还投入资金（大约 7800 万卢布）用于煤矿的科研工作。

从 20 世纪 90 年代末到 21 世纪初，俄政府投入资金培训矿工，使其具备全面的安全业务知识，以创建安全的工作条件，投入金额约为 0.31 亿卢布。

2.1.7　加拿大煤矿安全管理法律制度

加拿大是一个联邦制国家，有 10 个省和 2 个地区。它的矿业管理部门划分为联邦政府和省两级，之间是既分工又合作的关系。大都是按彼此的立法管理权限分别履行各自职责，除遇到与社会大众利益相关或省际互相沟通的事件外。作为一个联邦制政府，加拿大的所有省份拥有较大的管理自然资源的权利。依照现存的法律，加拿大联邦政府仅在有限范围内对矿业有直接管理权，如勘探、开发、管理铀矿，西北地区和领海的矿产资源等。

联邦政府主要是从宏观层面进行管理，如管理科技、劳动和环境保护等。此外，还有制定法律法规和政策，控制矿业活动对环境的影响，维护经济的可持续发展。一般由省级政府管理采矿业，联邦政府通过派驻观察员或直接管理的方式管理加拿大 3 个少数民族地区的矿业活动。设立专门行政机构——加拿大自然资源部，主要管理能源、矿产和森林等资源。该部于 20 世纪 90 年代初由原矿产资源能源部与森林部合并组成，下设 4 个局，分别是矿物与金属局、能源总局、地球科学局和森林服务局，共有雇员约 4500 人。其中，能源总局下含 7 个分局，包括能源资源分局、能源技术分局、能源政策分局、能源效率办公室、能源技术未来分局、能源研究与开发分局和管理服务分局。设立这一专门机构的主要目的是推进加拿大不可再生资源的科学开发和利用，并勘探其本土内潜在的资源。

自然资源部下属 8 个独立行使职责的监管机构，自然资源部部长代表这些机构向议会汇报工作，每年的年报公之于众。能源总局是一个联邦管理机构，有独立性，主要负责加拿大能源工业的发展。它的任务是制定有关能源发展的宏观方针政策，保证国家能源的科学可持续利用，以及确保能源供给。此外，向联邦政府提供有关能源政策、战略、计划等方面的建设性意见，开展和辅助有关能源方面的科研项目，发展能源科技，推动能源科学利用；保证能达到能源利用需求；同时，还包括石油、天然气和电力的授权；建设省际和国际石油、天然气及产品管线和国际动力管线；管理加拿大的石油和天然气的活动。

加拿大国家能源监管机构是国家能源委员会，根据《国家能源委员会法》，该机构成立于 1959 年，隶属于国家自然资源部，但独立行使职能。委员会共有 9 名成员，由政府直接委派，任期为 7 年，可连选连任，委员会主席兼任首席执行官。委员会下属约 280 名职员，分管具体工作事务。委员会权力的独立性强，类似于"高级法院"。其主要任务是监察管理石油、天然气和电力领域，维护公共权益。具体如下：第一，监管资源进出口，如天然气、石油和电力；第二，批准、监察管理重要基础设施的建设，如跨地区的输油管道和输电线路的建设技术、资金投入、环境影响、安全健康等方面是否符合要求；第三，审计收费，确保管输价格适当，不得有不正当的管输费用或服务；第四，监察管理能源的开发勘探，控制勘探或生产行为对环境的影响，制定相关应急方案；第五，开展有关能源资源研究，提出有关如何科学利用能源的建议；第六，向联邦政府"北部管道局"提供技术支持。

除了联邦政府的管理机构，各地方还设有各自的行政管理机构。在各自权限领域内，彼此各自独立监管矿产资源。这些地方管理机构主要勘探、开发、开采本地区范围内的能源资源，此外还要保证相关规划决策与联邦政府的相一致、不冲突，以确保矿产资源的后续利用；协助地方政府，避免地方政府过度地限制那些合理开采和生产的煤矿，从而保护地区经济的发展；协调保护好各利益集团方的利益。在联邦制度下，联邦政府对省区只有评论权。因此，成立了一个由各地方矿业界代表和联邦政府（自然资源部）代表组成的全国性矿业协调委员会。该委员会每月召开一次会议，帮助沟通联邦政府与省区的矿业活动，通报协调各省区的矿业情况，了解整个矿业整体在国际上的地位。

2.1.8 乌克兰煤矿安全管理法律制度

20 世纪 90 年代初，苏联解体后乌克兰成立了国家煤炭工业委员会，进行了机构改革，比原煤炭工业部的人员编制减少了 75%。1996 年，煤炭工业部重新恢复，管理结构为：煤炭工业部—煤炭公司—煤矿。1996 年 2 月，颁布了《关于煤炭工业机构改革》的命令，改组了煤炭工业，以使煤炭工业摆脱困境。经过 1996 年的改组，各煤矿及相关企业都得到了独立经营资格，乌克兰煤炭改革公司应运而生，主要负责关停煤矿。

20 世纪 90 年代末，经改组，成立了国家煤炭控股公司（19 个）和国家开放式股份公司（2 个），加上原有的 3 个煤炭生产公司，一共为 24 个。

2.2 我国煤矿安全健康管理法治概况

2.2.1 我国煤矿安全健康管理历史沿革

新中国成立以来，特别是"依法治国""建设社会主义法治国家"法治理念提出后，我国煤矿安全生产法制建设工作加快，大致可分为以下阶段：生产安全直接计划管理下的行政立法阶段（1949—1979 年），向市场经济过渡中的行政立法阶段（1980—1991 年），全国人大立法下的安全生产法律制度建设阶段（1992—2000 年），全面立法阶段（2001 年至今）。

1949 年 11 月召开的第一次全国煤矿工作会议提出了"煤矿生产，安全第一"方针。1951 年政务院颁布的《中华人民共和国劳动保险条例》也以"保障工人职员的健康，减轻其生活中的困难"为立法目的，该条例同样适用于煤矿。1952 年第二次全国劳动保护工作会议明确了要坚持"安全第一"方针和"管生产必须管安全"的原则。1954 年新中国制定的第一部宪法,把加强劳动保护、改善劳动条件作为国家的基本政策确定下来。中央人民政府先后颁布了《工厂安全卫生规程》《建筑安装工程安全技术规程》等行政法规。

1956 年,国务院出台了《国务院关于防止厂矿、企业中矽尘危害的决定》,目的在于消除厂矿企业中矽尘的危害,保护工人的安全与健康,这一系列行政法规的颁布实施对于保障煤矿安全生产的顺利进行、控制和减少煤矿生产安全事故曾经起到了较为重要的作用。

我国真正开始步入法治道路是"文化大革命"以后,特别是改革开放以来,市场经济体制的转变和煤炭管理机构的变革加速了我国煤矿安全立法的法治化进程。《中华人民共和国刑法》《中华人民共和国劳动法》等在劳动保护和安全生产方面作出了相关规定,间接保护劳动者权益和煤矿安全生产。1982 年,国务院出台了《矿山安全条例》,坚持安全第一,从而保障矿工的生产安全和健康;同时还颁布了《矿山安全监察条例》,以便对矿山企事业单位及主管部门执行《矿山安全条例》的情况进行监管。1989 年,国务院出台《特别重大事故调查程序暂行规定》;随后在 1991 年,《企业职工伤亡事故报告和处理规定》也颁布实施。这两部行政法规的出台在当时发挥了重要作用。

1992 年 11 月 7 日,全国人大常委会通过了《中华人民共和国矿山安全法》,该法适用于保障包括煤矿与非煤矿山在内的所有矿山的安全,但该法最重要的内容实际上还是在于保护煤矿企业的安全。作为我国矿山领域唯一的一部矿山单行法律,该法的颁布实施对当时的煤矿安全管理和煤矿安全生产起了举足轻重的作用。因此,它也是"我国煤矿生产安全的基本法律,是各类矿山企业及其从业人员实现安全生产所必须遵循的行为准则,是各级人民政府及其监察、监管部门对矿山进行监督管理和行政执法的法律依据"。

为了配合法律的实施、遏制煤矿生产安全事故的频繁发生、减少人民生命和财产的损失,国务院出台了大量配套法规作为补充,相关职能部门也陆续制定了不少部门规章,如1992 年的《煤矿安全规程》、1995 年《煤矿救护规程》等。《矿山安全法》及其配套法规的实施,对当时的煤矿安全生产实践起到了有效的指导作用,对降低煤矿事故发生率、减少事故死亡人数起到了重要作用。

1996 年,全国人大常委会通过《中华人民共和国煤炭法》,这是我国煤炭行业发展走上规范化、法制化轨道的一个重要里程碑。该法的出台为煤炭工业的可持续发展提供了可靠的法律保障。该法颁布以后,国务院于 2000 年出台《煤矿安全监察条例》、2001 年出台《国务院关于特大安全事故行政责任追究的规定》,这些法规的诞生为《煤炭法》的有效实施起到了很好的补充作用。

2002 年以后,我国煤矿安全生产法律体系进一步完善,《中华人民共和国安全生产法》出台,成为我国安全生产领域的基础性法律。2003 年 2 月 18 日,国家经济贸易委员会通过了《安全生产行政复议暂行办法》,于 2003 年 5 月 1 日起施行。同年 8 月 15 日,《煤矿安全监察行政处罚办法》问世。

2011 年 4 月 22 日、2013 年 6 月 29 日,全国人大常委会两次修订了《煤炭法》,期间,《煤矿安全生产许可证实施办法》《煤矿安全培训规定》等一系列煤矿安全法律法规相继诞生。近些年来，我国煤矿安全生产领域的各种法律法规更是不断健全，"以《宪法》和《劳动法》为根基、以《矿山安全法》和《安全生产法》为主干，并以相关法律法规为配套的煤矿生产法律体系已经基本建立"。

2.2.2 我国煤矿安全健康管理法治现状

到目前为止，我国煤矿安全生产法律体系已初具规模，建立起了以《宪法》为基础，以《煤炭法》《安全生产法》为主体以及其他行政法规、地方性法规、部门规章为一体的法律体系。煤矿安全生产"十二五"规划指出，我国煤矿安全生产法制体制机制进一步完善，加强了《安全生产法》配套行政法规和地方性法规建设，发布了《刑法修正案（六）》，出台了新的司法解释，颁布了 21 部部门规章，相继出台了 300 多项安全标准及行业标准，增加设立省级、区级煤矿监察机构、安全技术机构共 122 个，完善了煤矿安全监管监察执法各项制度，建立、健全与有关部门的协调联动机制，实施联合执法，煤矿安全生产法制秩序得以全方位改善。

2017 年 1 月，国务院办公厅印发的《安全生产"十三五"规划》提出，要"加强安全生产立法顶层设计，制定安全生产中长期立法规划，增强安全生产法制建设的系统性。建立、健全安全生产法律法规立改废释并举的工作协调机制，实行安全生产法律法规执行效果评估制度。加强安全生产与职业健康法律法规衔接融合。加快制修订社会高度关注、实践急需、条件相对成熟的重点行业领域专项和配套法规"。

1. 我国煤矿安全健康管理现行法律体系分析

十几年来，我国煤矿安全生产法律法规体系建设逐步完善，形成了相应的法律法规以及政策体系。在计划经济时代，煤矿安全生产多以政府文件、政策形式居多，之后才开始正式的立法活动。1992 年颁布《矿山安全法》，2000 年颁布《煤矿安全监察条例》，2002 年颁布实施《安全生产法》并于 2014 年进行了重新修订，2002 年颁布实施《职业病防治法》并于 2011 年进行了修订。这些法律法规在煤矿安全生产中的执行和落实，都体现了我国煤炭安全立法工作的不断进步。此外，从立法及政策颁布的频度来看，目前我国煤矿安全生产的立法及政策发布处于一个高峰期，修订、颁布频度较高。从立法趋势来看，我国的煤矿安全立法正处在一个不断完善并趋于稳定的阶段，相应的法律法规、政策体系正处于一个不断调整、完善的过程中。

我国煤矿安全生产法律法规体系由若干层次构成。按层次由高到低为宪法、国家劳动安全法、煤矿安全生产行政法规、煤矿安全生产部门规章和煤矿安全生产地方性法规、煤矿安全标准。宪法为最高层次，各种安全基础标准、安全管理标准、安全技术标准为最低层次。此外，我国煤矿安全生产的管理、监督过程中，还有大量的政策也在发挥着重要的作用。因为法律法规的产生是需要一个法定程序的，在出台时间上有着客观的限制，而政策的颁布和实施则具有灵活性、及时性，因此对当前出现的新问题可以马上作出相应的规定予以调整。所以，在煤矿安全生产的监管过程中，由于情况的复杂多变，需要政府根据实际需要颁布政策对急需解决和调整的问题进行相应的规定，以确保社会的稳定。

1）宪法

《中华人民共和国宪法》是我国的根本大法，处于核心地位，具有最高效力，是我国煤矿安全生产立法的依据。《宪法》第四十二条规定：国家通过各种途径，创造劳动就业条件，加强劳动保护，改善劳动条件，并在发展生产的基础上，提高劳动报酬和福利待遇；并规定对就业前的公民进行必要的劳动就业培训。

2）法律

1992 年，全国人大常委会制定了《矿山安全法》，该法适用于煤矿及非煤矿山的安全生产活动，因该法颁布较早，对规制现行安全生产工作已显滞后。1996 年，全国人大常委会制定了《煤炭法》，2011 年作了新修改，实现了矿区划分规范化、制度化管理，在市场准入、矿工权益保护和环境保护方面作了新规定。1998 年颁布的《矿产资源法》，针对的是包括煤炭资源在内的所有矿产资源，主要对矿产资源勘查、开发利用和保护予以规范。2002 年颁布的《安全生产法》，是一部主干法，在安全生产方面起宏观指导作用，是安全生产的基本法。

3）国务院及相关部委发布的规章

国务院颁布了很多行政法规，国家煤矿安全监察局、劳动和社会保障部等部委和直属机构发布了大量有关煤矿安全生产的部门规章，以确保法律的实施。它们是安全生产法律法规体系中数量最多、内容最具体的法律性文件。

行政法规及部门规章有《煤矿职工安全技术培训规定》（1994 年）、《煤炭生产许可证管理办法》（1994 年）、《矿山安全法实施条例》（1996 年）、《煤矿全监察条例》（2000 年）、《国务院关于特大安全事故行政责任追究的规定》（2001 年）、《煤矿安全监察行政处罚办法》（2003 年）、《煤矿安全监察行政复议规定》（2003 年）、《安全生产许可证条例》（2004 年）、《安全生产培训管理办法》（2004 年）、《国务院关于预防煤矿生产安全事故的特别规定》（2005 年）、《煤矿安全培训监督检查办法》（2005 年）、《国有煤矿瓦斯治理安全监察规定》（2005 年）、《煤炭安全生产许可证管理办法实施细则》（2005 年）、《国家七部委关于加强国有重点煤矿安全基础管理的指导意见》（2006 年）等。

除了上述管理性的规定外，还有一部分安全技术标准性的规定，包括《矿井防治水工作条例》（1986 年）、《防止煤与瓦斯突出细则》（1995 年）、《煤矿救护规程》（1995 年）、《小煤矿安全规程》（1996 年）、《矿井瓦斯抽放工作暂行规定》（1997 年）、《煤矿安全规程》（2016 年修订）等。这些都对有关安全技术问题作出了规定。尤其是《煤矿安全规程》，该规程是依据《煤炭法》《矿山安全法》和《煤矿安全监察条例》制定，由国家安全生产监督管理总局、国家煤矿安全监察局审议通过，是煤炭工业贯彻执行党和国家安全生产方针和国家《矿山安全条例》的具体规定，是煤矿安全生产建设的法规，是保障煤矿职工安全健康、保护国家资源和财产不受损失、促进煤炭工业现代化建设必须遵循的准则，是我国煤矿安全工作最全面、最具体、最权威的一部基本规程，是有关法律法规的具体化。

1994 年发布的《乡镇煤矿管理条例》，是《煤炭法》《矿产资源法》在乡镇煤矿方面的细化。2000 年出台的《煤矿安全监察条例》，结束了我国煤矿安全监察工作无法可依的法律困境，标志着我国煤矿安全生产监察工作实现了法制化进程。因此，它成为我国煤矿监察方面的专门立法。

2001 年 4 月发布的《国务院关于特大安全事故行政责任追究的规定》，有利于规范权力行使，为以制度管人向"责任主体"转变的实现提供了可能。2004 年颁布的《安全生产许可证条例》，明确了管理颁发机构和 6 种行政许可。2005 年 9 月，《国务院关于预防煤矿生产安全事故的特别规定》颁布，它保障了煤矿安全生产责任的切实施行，有利于安全隐患及时排除。2007 年 4 月，《生产安全事故报告和调查处理条例》发布，对事故报告和调查程序作了相关规定。

新世纪以来，国家煤矿安全监察局结合不同时期的需要，先后发布大量规章。2001年修订《煤矿安全规程》，对事故处理和安全管理等都有详细规定。2003 年出台《安全生产违法行为行政处罚办法》，2007 年进行了修订，总结了以往煤矿安全生产行政执法经验，进一步补充、完善了行政处罚程序，从而更好地适应了执法需要。2005 年颁布《煤矿企业安全生产风险抵押金管理暂行办法》，有助于煤矿企业加强安全投入，使得煤矿企业的准入门槛得到了相应提高。2006 年出台《生产经营单位安全培训规定》，进一步规范了生产经营单位的安全生产培训工作，强化了生产经营单位的责任与义务，也有利于从业人员安全意识的增强和安全素质的提高。2008 年发布了《煤矿安全监察行政处罚自由裁量实施标准（试行）》，更好地规制了监察人员的执法行为。2010 年发布《煤矿领导带班下井及安全监督检查规定》，切实保障了煤矿企业日常管理和领导带班下井制度落到实处。2011 年出台《煤矿井下紧急避险系统建设管理暂行规定》，进一步规范了煤矿井下紧急避险系统建设管理工作，增强了矿难防范、避险、救援等安全保障能力。

4）地方性法规和地方管理办法

各地结合本地区实际，相继颁布了地方性法规、规章，作出相应的调整性规定，以更好地落实法律、行政法规。

例如，2001 年，黑龙江省依据实际需要，以预防安全事故发生、加强小煤矿管理为目标，制定出台《黑龙江省小煤矿安全生产管理规定》。2004 年，山西省颁发《山西省煤矿安全生产监督管理规定》，明确了县级以上安监部门对安全条件缺乏的企业进行整顿整改的权力。2006 年，甘肃省发布《煤矿安全培训监督检查实施细则》，它有利于推进煤矿安全培训监督检查工作的实行，煤矿安全培训工作的发展完善，为煤矿安全生产工作提供了坚实保障。2006 年，河南省发布《河南省煤矿企业安全生产风险抵押管理暂行办法》，明确了抵押金的使用范围和最低存储限额，加强了煤矿企业的责任。

2004 年，《山西省煤矿企业安全生产许可证实施细则》颁发，有利于提高《煤矿安全许可证实施办法》的执行力，并使其操作性也得到了加强。2006 年，《四川省煤矿安全生产监管监察过错责任追究办法（试行）》颁发，提高了企业安全生产责任，也使煤矿安全生产监察工作得以更好地开展。2010 年，《遵义市煤矿安全生产隐患排查治理和责任追究制度》颁发，加快了煤矿安全生产隐患排查治理机制建立的进程。2011 年，《辽宁省煤矿安全生产监督管理条例》通过，它是在相关法律、行政法规指导下，结合本省实际情况，以安全发展为指导原则制定的，有利于规范安全生产及监督管理活动。

目前，我国煤矿安全生产法律体系已经形成了以《宪法》为基础，以《安全生产法》《劳动法》《矿山安全法》《煤炭法》《矿产资源法》为主干，以《刑法》的相关条款和大量的行政法规、部门规章、地方性法规为补充的法律体系。

2. 综合管理体系分析

我国煤矿安全立法呈现渐进性，逐步完善。严峻的煤矿安全生产形势是推动煤矿安全立法不断完善的重要因素，但一直以来对煤矿从业者的安全健康关注度较低。例如，美国煤矿安全与健康立法体现了一体化，而我国煤矿安全与健康立法相对独立。在美国煤矿安全领域的《联邦矿山安全与健康法》，是集矿工的安全与健康等基本权利保护于一体的；而在我国，为了保障矿工的安全与健康等权利则要通过《矿山安全法》《安全生产法》和《职业病防治法》等来实现。

1）煤矿安全生产培训制度

1963 年以前，关于煤矿安全生产教育培训问题只有一些零散的规定。1963 年 3 月 30 日，国务院颁布了《国务院关于加强企业生产中安全工作的几项规定》。1980 年，《煤矿安全规程》颁布，其后虽经多次修订，但均包含安全培训的有关内容。1982 年 2 月 13 日，国务院颁布《矿山安全条例》，对安全培训提出原则要求。我国第一部关于煤矿安全培训的专门立法为 1987 年 2 月 2 日煤炭工业部颁布的《煤矿职工安全技术培训条例》，实际培训内容包括法规和政策等。1994 年 3 月 10 日，煤炭工业部对《煤矿职工安全技术培训条例》进行修订，颁布了《煤矿职工安全技术培训规定》，确定了"强制培训、分级管理、统一标准、考核发证"的原则。1996 年，《煤炭法》颁布，对煤矿安全生产培训作出了相关规定。1996 年，《矿山安全法实施条例》颁布，对《矿山安全法》中关于矿山安全培训的内容作了细化。2002 年，《安全生产法》颁布，对安全生产培训工作作了原则性规定。2011 年 12 月 31 日，国家安全生产监督管理总局审议通过了新修订的《安全生产培训管理办法》，并于 2012 年 3 月 1 日起施行。2012 年 5 月 3 日，国家安全生产监督管理总局审议通过《煤矿安全培训规定》，并于 2012 年 7 月 1 日起施行。这些法律法规的颁布，或是对煤矿安全生产培训作出原则性规定，或是对煤矿安全生产培训进行细化要求，共同使我国煤矿安全培训工作做到了有法可依。

2）煤矿安全事故责任承担制度

目前，在我国煤矿行业仍为高危行业，煤矿矿工作为特殊的职业群体，生命健康时刻遭受着威胁，因而对故意违反煤矿安全法律法规规定、人为增加煤矿矿工危险因素的行为应该予以严惩，应该严厉打击矿山生产安全犯罪。矿主个人和企业责任并重的处罚方式可加大煤矿生产安全事故的违法成本，有利于形成有效的制约机制。当违法成本高于企业的安全投入时，企业主势必会选择加大安全投入、提高生产技术和管理水平等，从而降低生产安全事故的风险，从而实现利润最大化的目标。我国煤矿生产安全事故的处罚主要采用行政处罚和刑事处罚两种方式。《煤矿生产安全事故报告和调查处理规定》第三十六条规定，"煤矿安全监察机构依法对煤矿事故责任单位和责任人员实施行政处罚"。《矿山安全法实施条例》第五十三条规定，"依照《矿山安全法》第四十三条规定处以罚款的，罚款幅度为 5 万元以上 10 万元以下"。多种处罚并用的方式能刺激煤矿主时刻提高警惕，提高煤矿生产的安全意识，将矿工权利保护和生产的安全放在经济利益之前并加以充分重视。同时，根据经济发展水平和煤矿安全生产实践制定适当的处罚标准及处罚措施是必要的，只有这样才能充分发挥处罚的威慑力，刺激煤矿企业不断提升安全生产水平。

3）煤矿生产安全事故报告制度

《煤矿生产安全事故报告和调查处理规定》对我国煤矿生产安全事故报告制度作了详细、具体的规定。事故现场相关人员应该在事故发生后立即向煤矿负责人报告；煤矿负责人知悉后应该于1 h以内向当地县级以上人民政府安全监管部门、煤矿安监部门及驻地煤矿安监机构报告，紧急情况下不受逐级汇报限制。对不同级别的煤矿生产安全事故的报告要求不同，较大事故以下的煤矿生产安全事故应该逐级汇报至上级煤矿安监机构；较大事故以上等级事故报告后应逐级汇报至国家安全生产监督管理总局和国家煤矿安全监察局；特别重大事故、重大事故报告应当逐级汇报至国务院，逐级汇报的时间间隔不应超过2 h。地方安监部门和煤监局在进行事故报告时还应通知公安机关、劳动保障行政部门、工会和人民检察院。

4）煤矿安全监管制度

我国煤矿安全生产法律法规不断完善，煤矿安全生产法律的纵向体系已经初步形成。具体包括《安全生产法》《矿山安全法》《煤炭法》等基础性法律，《安全生产许可证条例》《国务院关于特大安全事故行政责任追究的规定》《煤矿安全监察条例》等行政法规和《煤矿安全规程》《煤矿安全监察行政处罚办法》《煤矿企业安全生产许可证实施办法》等部门规章，此外还有很多地方性法规、地方政府规章和煤炭行业标准。煤矿安全监管的法律规定散见于上述乃至更多煤矿安全相关法律条文中，然而煤矿安全监管方面的专项法律却相对缺乏。《煤矿安全监察条例》的颁布实施填补了我国矿山安全监察立法的空白，为煤矿安全监察机构提供了执法依据，初步实现了我国煤矿安全监察的有法可依。《煤矿安全监察行政处罚办法》的出台为《煤矿安全监察条例》的实施提供了切实可行的保障，提高了《煤矿安全监察条例》的有效性。

3. 各项法律法规的规范重点分析

我国现阶段有关煤矿安全生产方面具体的法律规定大都散见在《矿产资源法》（1986年颁布、1996年修正）、《矿山安全法》（1992年）、《煤炭法》（1996年）、《安全生产法》（2002年）、《劳动法》（2005年）、《刑法》等法律中。各项法律法规的规范重点各有侧重。

《安全生产法》是主干法，是提纲挈领的一部法。该法是为了加强安全生产监督管理，防止和减少生产安全事故，保障人民群众生命和财产安全，促进经济发展而制定的，其针对的是我国领域内从事生产经营活动的单位的安全生产（但对消防安全和道路交通安全、铁路交通安全、水上交通安全、民用航空安全等另有相关法律、行政法规规定的，适用其规定），调整的范围很广泛。作为安全生产方面的基本法，在没有特别法或者特别法无法适用的情况下，《安全生产法》起着原则性的宏观指导作用。

《矿山安全法》是规范我国各类矿山安全生产的第一部法律，它的颁布使我国的矿山安全生产法律法规形成了体系。该法针对的是煤矿以及非煤矿山的安全生产，是为防止矿山事故，保护矿山职工人身安全而制定的。

《煤炭法》是为了合理开发利用和保护煤炭资源，规范煤炭生产、经营活动，促进和保障煤炭行业的发展而制定的。其中的第三章对煤炭生产和煤矿安全进行了专门规定，但是对于煤矿安全的规定非常笼统，且不易于施行。对安全培训的规定也是一句话带过，"煤矿企业应当对职工进行安全生产教育、培训，未经安全生产教育、培训的，不得上岗作业"，未能形成制度加以贯彻。国务院煤炭管理部门依法负责全国煤炭行业的监督管理。"国务院有关部门在各自的职责范围内负责煤炭行业的监督管理。县级以上地方人民政府煤炭管理部门和有关部门依法负责本行政区域内煤炭行业的监督管理"。

《矿产资源法》是为了发展矿业，加强矿产资源的勘查、开发利用和保护工作，保障社会主义现代化建设的当前和长远的需要而制定的一部法律，其所针对的是所有的矿产资源，当然包括煤炭资源在内。该法主要对矿产资源勘查登记和开采审批、矿产资源的勘查开采进行了规定，但并未对煤矿或者说矿业安全生产有相应的明确的规定，仅要求"进行矿产资源勘探和开采的，必须符合规定的资质条件"，"开采矿产资源，必须遵守国家劳动安全卫生规定，具备保障安全生产的必要条件"。

《刑法》中的第一百三十四条和一百三十七条分别规定了"重大责任事故罪"和"重大劳动安全事故罪"。对造成重大伤亡事故和严重后果的煤矿安全生产责任人，可以根据《刑法》的相关规定对其追究刑事责任。

在2007年2月26日通过的《最高人民法院、最高人民检察院关于办理危害矿山生产安全刑事案件具体应用法律若干问题的解释》，对危害矿山安全生产的犯罪的适用法律作出了具体解释。

上述各项法律都是从某一个角度和环节对煤矿安全生产进行了规定，不全面且操作性较差。对煤矿安全生产缺乏整体、系统、协调、统一的法律规制，是煤矿安全生产形势严峻的一个重要原因。

2.2.3 《煤矿安全规程》新旧解读

2016年2月25日，国家安全生产监督管理总局令第87号颁布新修订的《煤矿安全规程》，自2016年10月1日起施行。新修订的《煤矿安全规程》对煤矿安全具有较权威的法制约束力，同时具有更强的针对性和可操作性，是煤矿实现安全生产的技术保障，体现了我国煤矿安全保障能力、现代煤炭企业管理水平、管理模式的提升和完善，更能满足国民经济社会发展新要求。

相比较于2001年《煤矿安全规程》，2016年《煤矿安全规程》中关于煤矿安全与健康方面有了一些新的变化。一是2016年《煤矿安全规程》对照《安全生产法》《职业病防治法》对煤矿企业的安全生产责任制、安全管理制度、安全投入、从业人员权利与义务、教育培训以及职业病危害等要求，增加了应急救援等内容。二是2016年《煤矿安全规程》突出以人为本，完善职业病危害防治。明确当瓦斯超限达到断电浓度时或发现突出预兆时，班组长、瓦斯检查工、矿调度员有权责令现场作业人员停止作业，停电撤人。完善了职业病危害防治内容，突出做好防降尘和职业健康保护工作，提高了采掘设备内外喷雾工作压力，增加了井下热害防治、作业场所噪声和有害气体监测和防护的要求，增加了职业健康监护和管理内容。注重与相关规定的一致性，对煤矿安全保障能力的提升，和对矿工健康安全的逐渐重视。

从表2-1中，可以看到：第一，2016年《煤矿安全规程》第一编总则第一条相比较于2001年《煤矿安全规程》第一编总则第一条，更加关注煤矿从业人员的职业健康。新增加了职业病、《安全生产法》《职业病防治法》等字眼；第二，新增加了第三条，强调了安全生产许可证制度；第三，新增第六条，强调了安全设施和职业病危害防护设施建设；第四，第九条强调了从业人员安全教育和主要负责人和安全生产管理人员的考核上岗；第五，入井人员的规定更加详细；第六，落实24 h值班制度、建立应急救援组织和矿井安全避险系统、编制闭坑报告。

表2-1　2016年《煤矿安全规程》与2001年《煤矿安全规程》对比

2016年《煤矿安全规程》	2001年《煤矿安全规程》
第一编　总则　第一条　为保障煤矿安全生产和从业人员的人身安全与健康，防止煤矿事故与职业病危害，根据《煤炭法》《矿山安全法》《安全生产法》《职业病防治法》《煤矿安全监察条例》和《安全生产许可证条例》等，制定本规程	第一编　总则　第一条　为保障煤矿安全生产和职工人身安全，防止煤矿事故，根据根据《煤炭法》《矿山安全法》和《煤矿安全监察条例》，制定本规程
（新增）第三条　煤炭生产实行安全生产许可证制度。未取得安全生产许可证的，不得从事煤炭生产活动	第三条　煤矿企业必须遵守国家有关安全生产的法律、法规、规章、规程、标准和技术规范
第五条　煤矿企业必须设置专门机构负责煤矿安全生产与职业病危害防治管理工作，配备满足工作需要的人员及装备	第四条　煤矿企业必须设置安全生产机构，配备适应工作需要的安全生产人员和装备
新增：第六条　煤矿建设项目的安全设施和职业病危害防护设施，必须与主体工程同时设计、同时施工、同时投入使用	
第九条　煤矿企业必须对从业人员进行安全教育和培训。培训不合格的，不得上岗作业。 　　主要负责人和安全生产管理人员必须具备煤矿安全生产知识和管理能力，并经考核合格。特种作业人员必须按国家有关规定　培训合格，取得资格证书，方可上岗作业。 　　矿长必须具备安全专业知识，具有组织、领导安全生产和处理煤矿事故的能力	第六条　煤矿企业必须对职工进行安全培训。未经安全培训的，不得上岗作业。 　　矿务局（公司）局长（经理）、矿长必须具备安全专业知识，具有领导安全生产和处理煤矿事故的能力，并经依法培训合格，取得安全任职资格证书。 　　特种作业人员必须按国家有关规定培训合格，取得操作资格证书
第十三条　入井（场）人员必须戴安全帽等个体防护用品，穿带有反光标识的工作服。入井（场）前严禁饮酒。 　　煤矿必须建立入井检身制度和出入井人员清点制度；必须掌握井下人员数量、位置等实时信息。 　　入井人员必须随身携带自救器、标识卡和矿灯，严禁携带烟草和点火物品，严禁穿化纤衣服	第十条　入井人员必须戴安全帽、随身携带自救器和矿灯，严禁携带烟草和点火物品，严禁穿化纤衣服，入井前严禁喝酒。 　　煤矿企业必须建立入井检身制度和出入井人员清点制度
（新增）第十六条　井工煤矿必须制定停工停产期间的安全技术措施，保证矿井供电、通风、排水和安全监控系统正常运行，落实24 h值班制度。复工复产前必须进行全面安全检查。 　　第十七条　煤矿企业必须建立应急救援组织，健全规章制度，编制应急救援预案，储备应急救援物资、装备并定期检查补充。 　　煤矿必须建立矿井安全避险系统，对井下人员进行安全避险和应急救援培训，每年至少组织1次应急演练。 　　第二十一条　煤矿闭坑前，煤矿企业必须编制闭坑报告，并报省级煤炭行业管理部门批准。 　　矿井闭坑报告必须有完善的各种地质资料，在相应图件上标注采空区、煤柱、井筒、巷道、火区、地面沉陷区等，情况不清的应当予以说明	无

3 煤矿井下环境

煤矿生产是井下作业，而井下作业环境十分复杂多变，如地质结构、气候变化、生产环境和条件以及相应生产系统的配备都将严重影响到开采工作。煤矿井下特殊的环境下，不但容易发生各类安全事故，而且特别容易引发煤矿工人的职业病。

煤矿井下生产条件特殊，表现为两方面：一是工作空间狭小，视觉环境差，矿尘与噪声污染严重，不少矿井还存在温度高、湿度大的热害；二是矿工的劳动强度大，即使是机械化程度很高的矿井，采掘工作面多数工种仍属重劳动强度的体力劳动。在这种特殊的"人—环"系统中，矿工的工效低，发生工伤事故的概率在各产业中居首位。

3.1 煤矿井下环境构成要素

3.1.1 地质环境

煤是由古代植物遗体演化而形成的。煤层的形成受古植物、古气候、古地理及古构造等条件的控制。煤炭深藏地下，煤炭井田开拓之前的重要工作，就是对所在区域地质环境进行勘查和了解。

1. 地层

地壳是指地球表面及其以下的坚硬薄壳层，其厚度约为地球半径的1/400，地壳的平均厚度为16 km。地壳是煤及其各种矿产资源形成和保存的地方。地壳由岩石组成。煤是一种主要由植物遗体转变而成的沉积岩，煤层的顶底板岩层绝大多数也都是沉积岩。因此，也可以说煤是一种天然形成的固体可燃有机岩。

地层是地壳中具一定层位的一层或一组岩石，是地质历史上某一时代形成的成层的岩石和堆积物。从时代上讲，地层有老有新，具有时间的概念。地层可以是固结的岩石，也可以是没有固结的堆积物，包括沉积岩、火山岩和变质岩。

在正常情况下，先形成的地层居下，后形成的地层居上。根据岩层中放射性同位素蜕变产物的含量，测定出地层形成和地质事件发生的年代，即绝对地质年代。据此可以编制出地质年代表。

根据地壳运动及古生物的发展，把地壳的历史划分为宙、代、纪、世、期、时6个地质年代单位。地层单位从大到小依次分为宇、界、系、统、阶、时间带6个等级。地质年代单位与地层单位对应关系为：地质年代单位"宙"这个时间单位内形成的地层单位叫"宇"，地质年代单位"代"这个时间单位内形成的地层单位叫"界"，地质年代单位"纪"这个时间单位内形成的地层单位叫"系"，其余类推，"世"→"统"，"期"→"阶"，"时"→"时间带"。

地质年代从古至今依次为太古代、元古代、古生代、中生代、新生代。古生代又分为寒武纪、奥陶纪、志留纪、泥盆纪、石炭纪、二叠纪，中生代又分为三叠纪、侏罗纪、白垩纪，新生代又分为古近纪、新近纪、第四纪。煤炭的形成主要集中在石炭纪、二叠纪、三叠纪、侏罗纪、白垩纪。

2. 煤层

植物遗体经复杂的生物化学作用、地质作用转变而成层状固体可燃矿产。它赋存于含煤岩系之中，位于顶底板岩石之间。煤层的层数、厚度、产状和埋藏深度等，受古构造、古地理及古气候条件制约。煤层的赋存状况是确定煤田经济价值和开发规划的重要依据。

煤层产于一特定的岩石组合中，这种组合的岩石，叫煤系地层。煤系地层除产有煤外，常常还含有许多共生、伴生矿产。煤层结构可分为两类：不含夹石层的称简单结构，含夹石层的称复杂结构。夹石也称夹矸，常见的是黏土岩、炭质泥岩、泥岩和粉砂岩。煤层中的夹石层增高了煤的灰分含量，降低了煤的质量，并给开采带来一定困难。

煤层是开采的对象，与采矿工作密切相关的是煤层的厚度、结构、倾角及稳定性。煤层厚度差异很大，有的煤层厚度只有几厘米，而有的厚度可达几十米，甚至百余米。开采很薄的或特别厚的煤层，在技术上都比较复杂，困难较多，经济效益也不相同。

根据开采技术的特点，煤层按厚度可划分为 3 类：薄煤层（煤层厚度从最小可采厚度至 1.3 m）、中厚煤层（煤层厚度 1.3 ~ 3.5 m）、厚煤层（煤层厚度 3.5 m 以上）。

在我国煤田中，厚煤层和中厚煤层占较大比例，以开采的产量而论，厚煤层和中厚煤层约各占 40%，薄煤层约占 20%。

一般煤层厚度或多或少总是变化的，根据煤层厚度的变化情况及对开采的影响，将煤层分为下列 4 类：

（1）稳定煤层：在井田范围内厚度均大于最低可采标准，厚度的变化也有一定规律。

（2）较稳定煤层：厚度变化较大，但在井田范围内大多可采，仅局部不可采。

（3）不稳定的煤层：厚度变化很大，常有增厚、变薄、分岔或尖灭现象，井田范围内经常出现不可采区。

（4）极不稳定煤层：煤层常呈鸡窝状、串珠状，断断续续分布，井田范围内仅局部可采。

3. 水文

矿井水主要来源于地表水、地下水及老空水。这些矿井水除了用于井下消尘、防火等生产用外，其余都排放于河道。我国中、东部煤矿区大都是石炭二叠系含煤地层，上覆第四系巨厚松散层含水层，下伏富水性极强的奥陶系灰岩含水层。煤矿床水文地质条件复杂，以老空水、底板奥灰水水害为主。随着中、东部老矿区浅层煤炭资源的逐渐枯竭，煤炭地质勘查与煤矿生产向深部延伸已成必然趋势。

国有重点煤矿中，水文地质条件属于复杂的矿井占 27%，属于简单的占 34%，在大中型煤矿中有 500 多个工作面受水害威胁。随着矿井开采深度的增加，水害事故频繁发生，在煤矿特大事故中，水害事故仅次于瓦斯事故，成为威胁煤矿安全生产的"第二大杀手"。

矿床水文地质特征及矿床水文地质条件的复杂程度，不仅是选择矿床水文地质勘探方法、手段及勘探工程量的主要依据，而且也是决定矿井防排水措施的主要因素。影响矿床水文地质条件的因素很多，但其中起决定作用的因素是含水层、隔水层、矿层的特点及其组合关系。含水层的特征是决定矿坑涌水量及疏排地下水后可能产生的水文地质工程地质问题的性质、范围的主导因素。含水层与矿层之间的隔水层则限制着含水层水涌入矿坑，决定着含水层水涌入矿坑的潜力能发挥到什么程度以及在何处、用什么方式、通过什么途径涌入矿坑。矿层的厚度、赋存深度等特点常常影响着开采方法，改变着矿坑充水条件。含水层、隔水层、矿层特点及其组合关系明显地受到各种区域性的地质、水文地质、自然地理条件所控制，具明显的分区特征。

4. 地质构造

在地壳运动的作用下，煤和岩层改变了原始埋藏状态所产生的变形或变位的形迹称为地质构造。地质构造的形态多种多样，概括起来可分为单斜构造、褶曲构造和断裂构造。

1）单斜构造

在一定的范围内，煤或岩层大致向一个方向倾斜的构造形态称为单斜构造。单斜构造往往是其他构造形态的一部分。岩层的空间位置及特征通常用产状要素来描述。产状要素有走向、倾向和倾角。煤层或岩层层面与水平面之间的二面角叫做煤或岩层的倾角，倾角变化在0°~90°之间。煤层倾角越大开采越困难。根据开采技术的特点，煤层按倾角可分为3类：缓斜煤层（0°~25°）、倾斜煤层（25°~45°）、急斜煤层（45°~90°）。通常又把8°以下的煤层称为近水平煤层。

2）褶皱构造

岩层受水平力的作用被挤压成弯弯曲曲，但保持了岩层的连续性和完整性的构造形态叫褶皱。岩层褶皱构造中的每一个弯曲叫褶曲。岩层层面凸起的褶曲叫背斜，岩层层面凹下的褶曲叫向斜，背斜和向斜在位置上往往是彼此相连的。

3）断裂构造

岩层受力后遭到破坏，失去了连续性和完整性的构造形态叫断裂构造。断裂面两侧的岩层没有发生明显位移的叫裂隙，断裂面两侧的岩层产生了明显位移的断裂构造称为断层。断层各组成部分的名称叫断层要素。主要的断层要素有断层面、断盘和断距。

断层面指岩层发生断裂位移时，相对滑动的断裂面。断层面少数是比较规则的平面，多数是波形起伏的曲面。断层线指断层面与地面的交线，即断层面在地面的出露线。它反映了断层的延伸方向，它可以是直线，也可以是曲线。断层面与水平面的交线亦称为断层线，在水平切面图上的断层线表示断层的走向。断盘指断层面两侧的岩体。断层面如果是倾斜的，按相对位置通常把位于断层面上面的断盘称为上盘，位于断层面下面的断盘称为下盘。断距指断层的两盘相对位移的距离。断距可分为垂直断距（断层两盘相对位移的垂直距离）和水平断距（断层两盘相对位移的水平距离）。

根据断层两盘相对运动的方向，断层可分为以下几种基本类型：正断层（上盘相对下降，下盘相对上升）、逆断层（上盘相对上升，下盘相对下降）、平推断层（断层两盘沿水平方向相对移动）。正断层、逆断层在煤矿生产中最常见。

在地质构造复杂的地带，断层经常呈组合形式出现，形成阶梯状断层、地垒或地堑。根据断层走向与岩层走向的相对关系，断层分为以下三类：走向断层（断层走向与岩层走向一致或基本一致）、倾向断层（断层走向与岩层倾向一致或基本一致）、斜交断层

（断层走向与岩层走向斜交）。断层在各矿区分布很广，其形态、类型繁多，规模大小不一。一般将落差大于 50 m 的断层称为大型断层，落差在 20 ~ 50 m 之间的断层称为中型断层，落差小于 20 m 的断层称为小型断层。

5. 气体

地面空气是由干空气和水蒸气组成的混合气体，亦称为湿空气。干空气是指完全不含有水蒸气的空气，由氧、氮、二氧化碳、氩、氖和其他一些微量气体所组成的混合气体。湿空气中含有水蒸气，但其含量的变化会引起湿空气的物理性质和状态变化。

矿井空气指进入矿井以后的空气。利用机械或自然通风动力，使地面空气进入井下，并在井巷中作定向和定量的流动，由地面空气进入矿井到最后排出矿井的全过程称为矿井通风。矿井空气中常见的有害气体有一氧化碳、二氧化氮、二氧化硫、氨气、氢气等。

3.1.2 气象环境

矿井气候是矿井空气的温度、湿度和流速 3 个参数的综合作用。这 3 个参数也称为矿井气候条件的三要素。对流散热取决于周围空气的温度和流速；辐射散热取决于环境温度；蒸发散热取决于周围空气的相对湿度和流速。

矿井空气的温度、湿度和风速三者的综合作用状态构成了井下的气候。井下工作地点人体最适宜的气候条件是：空气温度为 15 ~ 20 ℃，空气相对湿度为 50% ~ 60%，而风速的大小应根据气温的高低而定。风速的大小直接影响人体的散热效果，另外从风流的动力给人的感受来讲，风速不得超过 8 m/s，同时也影响矿井的安全生产。所以《煤矿安全规程》根据各个巷道的用途对风速都有明确的限定，最低不低于 0.15 m/s，最高不超过 15 m/s。

1. 温度

矿内热环境是指地下开采矿山井下的热微气候，常常习惯把恶劣的热环境称为热害。现通常将高温环境定义为高于 35 ℃ 的生活或生产环境，将高湿环境定义为相对湿度高于 60% 的环境。

为了避免矿井高温环境带来的危害，卫生部发布的矿井开采环境卫生标准及国务院颁布的矿井安全生产等相关条例明确规定：我国矿井采掘工作面的干球温度必须低于 28 ℃，机电设备硐室温度必须低于 30 ℃，若高于规定温度时应采取降温或其他防护措施。

在《高温作业分级》（GB/T 4200—1997）标准中，将高温作业定义为生产劳动过程中，其工作地点平均湿球黑球温度指数不小于 25 ℃ 的作业环境。其实矿井内温度超过 30 ℃ 就可以被定义为高温矿井，《煤炭资源地质勘探地温测量若干规定》按照原岩温度将煤矿热害区划分为一级和二级热害区。

随着煤矿深部矿产资源的开发，采掘深度不断增加，加上矿井的机械化程度日益提高，生产更为集中，使得井下空气温度升高。此外，由于某些矿井出现了地下热水，不但使气温升高，也使得空气湿度增大，严重恶化了矿内的作业环境，形成了矿内热害。矿内热害不仅影响劳动生产的效率，而且危害井下工作人员的身体健康，极易产生重大的伤亡事故。

目前，我国大部分井工开采的国有煤矿，都处于深水平开采，深度大都为数百米，甚至上千米，远远深于恒温带的深度；随着开采深度的增加，地温增高，当地温超过某一温度时，就产生了矿井的高温热害问题。

在研究中还发现，由于煤矿井下生产的特殊条件，即使在工人工间休息时也不能脱离高温高湿的环境，致使整个工作班都暴露在高温高湿的环境之中。调查结果提示：煤矿井下高温高湿对工人的生理、心理影响相当严重，但鉴于煤矿企业的实际情况，从根本上治理高温高湿危害是相当困难的，而且随着矿井开采工作面的进一步加深，高温高湿对矿工的危害有进一步加剧的趋势。

2. 湿度

潮湿，通常指空气的相对湿度大于 75% 。井下空气潮湿，在低温情况下，加剧了导热而增加了空气对人体的冷作用，人就感到阴冷；在温度高的情况下，由于增加了空气对人体的热作用，人就感到闷热。阴冷，能加快人体散热，使人受到"湿害"的侵袭；闷热，使蒸发散热困难，破坏人体的热平衡，使人提不起精神，产生昏昏欲睡、性情烦躁等症状，甚至会发生呕吐、昏倒、中暑现象。

井下空气潮湿的危害表现为加剧井下材料设备腐烂、锈蚀；电气线路设备绝缘程度下降、寿命缩短，井下可见度降低，影响行车、行人安全；影响矿工身心健康，引起疾病，最终导致事故率增高，劳动效率降低。

矿井空气湿度的变化，主要取决于地面气温，尤其是进风系统随季节性变化最明显。夏季，地面高温空气进入井下后其温度相对下降，饱和能力逐渐变小，相对湿度上升，当相对湿度达到 100% 时，出现水珠，进风巷较潮湿；冬季，当冷空气进入井下后其温度相对上升，饱和能力逐渐变大，相对湿度下降，进风巷空气比较干燥。至于矿井总回风巷，不论冬夏，相对湿度都比较高，非常潮湿，其原因为采掘工作面温度比较高，从工作面到总回风巷风流温度不断下降，相对湿度逐渐增大。

3. 大气压力

在地球表面，有几十千米厚的大气层，由于空气有质量，这厚厚的大气层垂直施加在一个平方单位面积上的作用力，称为大气压力，大气压力相当于重力加速度为 9.80665 m/s²，温度为 0 ℃时，760 mm 垂直水银柱高的压力。

大气压力的大小与海拔高度、大气温度、大气密度等有关，一般随高度升高按指数律递减，在距离海平面 2000 m 的高度以内，平均每升高 12 m，水银柱大约降低 1 mm。大气压力有日变化和年变化。一年之中，冬季大气压力比夏季高，有些地方地面大气压力变化可达 9500 Pa。每天中，大气压力通常也有一个最高值、一个最低值，分别出现在9：00—10：00 和15：00—16：00，还有一个次高值和一个次低值，分别出现在21：00—22：00 和3：00—4：00。大气压力日变化幅度较小，一般为 0.1 ~ 0.4 kPa，并随纬度增高而减小。大气压力变化与风、天气的好坏等关系密切。

大气压力降低时，煤体游离与吸附瓦斯的释放速度加快，同时采空区内气体压力相对增高，体积膨胀，使采空区瓦斯涌出量增加，并大量涌出造成瓦斯浓度增大，瓦斯超限次数增加。大气压力与矿井自然风压有联系，自然风压也是由于自然因素产生的，但它主要取决于矿井进回风侧空气的温度差和矿井深度，主要对矿井通风情况产生影响。

3.1.3 设备环境

煤矿井下设备种类很多，各种设备是构成井下工人工作环境的因素之一，和工人健康密切相关的设备重点有以下几类。

1. 掘进机

掘进和回采是煤矿生产的重要生产环节，国家的方针是：采掘并重，掘进先行。煤矿巷道的快速掘进是煤矿保证矿井高产稳产的关键技术措施。采掘技术及其装备水平直接关系到煤矿生产的能力和安全。高效机械化掘进与支护技术是保证矿井实现高产高效的必要条件，也是巷道掘进技术的发展方向。随着综采技术的发展，国内已出现了年产几百万吨级甚至千万吨级超级工作面，使年消耗回采巷道数量大幅度增加，从而使巷道掘进成为煤矿高效集约化生产的共性及关键性技术。

掘进机是用于开凿平直地下巷道的机器。掘进机分为开敞式掘进机和护盾式掘进机，主要由行走机构、工作机构、装运机构和转载机构组成。掘进机有安全、高效和成巷质量好等优点，但造价大，构造复杂，损耗也较大。

我国煤巷高效掘进方式中最主要的方式是悬臂式掘进机与单体锚杆钻机配套作业线，也称为煤巷综合机械化掘进。该方式在我国国有重点煤矿得到了广泛应用，主要掘进机械为悬臂式掘进机。

悬臂式掘进机集截割、装运、行走、操作等功能于一体，主要用于截割任意形状断面的井下岩石、煤或半煤岩巷道。现在国内的掘进机设计虽然说离国际先进的技术还有些距离，但是国内的技术水平已能基本满足国内的需求。大中型号的掘进机不断被创新。

2. 凿岩机

凿岩机是用来直接开采石料的工具。它在岩层上钻凿出炮眼，以便放入炸药去炸开岩石，从而完成开采石料或其他石方工程。此外，凿岩机也可改作破坏器，用来破碎混凝土之类的坚硬层。凿岩机按其动力来源，可分为风动凿岩机、内燃凿岩机、电动凿岩机和液压凿岩机4类。

凿岩机是按冲击破碎原理进行工作的。工作时活塞做高频往复运动，不断地冲击钎尾。在冲击力的作用下，呈尖楔状的钎头将岩石压碎并凿入一定的深度，形成一道凹痕。活塞退回后，钎子转过一定角度，活塞向前运动，再次冲击钎尾时，又形成一道新的凹痕。两道凹痕之间的扇形岩块被由钎头上产生的水平分力剪碎。活塞不断地冲击钎尾，并从钎子的中心孔连续地输入压缩空气或压力水，将岩渣排出孔外，即形成一定深度的圆形钻孔。

3. 采煤机

采煤机是实现煤矿生产机械化和现代化的重要设备之一。同时，采煤机也是一个集机械、电气和液压为一体的大型复杂系统。机械化采煤可以减轻体力劳动、提高安全性，达到高产量、高效率、低消耗的目的。

采煤机分锯削式、刨削式、钻削式和铣削式4种。随着煤炭工业的发展，采煤机的功能越来越多，其自身的结构、组成愈加复杂，因而发生故障的原因也随之复杂。

4. 刮板输送机

用刮板链牵引，在槽内运送散料的输送机叫刮板输送机。刮板输送机的相邻中部槽在水平、垂直面内可有限度折曲的叫可弯曲刮板输送机。在当前采煤工作面内，刮板输送机的作用不仅是运送煤和物料，而且还是采煤机的运行轨道，成为现代化采煤工艺中不可缺少的主要设备。刮板输送机能保持连续运转，生产就能正常进行；否则，整个采煤工作面就会呈现停产状态，使整个生产中断。

各种类型的刮板输送机的主要结构和组成的部件基本是相同的，它由机头、中间部和机尾部3个部分组成。此外，还有供推移输送机用的液压千斤顶装置和紧链时用的紧链器等附属部件。机头部由机头架、电动机、液力偶合器、减速器及链轮等件组成，中部由过渡槽、中部槽、链条和刮板等件组成，机尾部是供刮板链返回的装置。重型刮板输送机的机尾与机头一样，也设有动力传动装置，从安设的位置来区分叫上机头与下机头。

刮板输送机按中部槽的布置方式和结构，可分为并列式及重叠式两种；按链条数量及布置方式，可分为单链、双边链、双中心链和三链4种。

刮板输送机可用于水平运输，亦可用于倾斜运输。沿倾斜向上运输时煤层倾角不得超过25°，向下运输时倾角不得超过20°。当煤层倾角较大时，应安装防滑装置。可弯曲刮板输送机允许在水平和垂直方向作2°~4°的弯曲。

5. 带式输送机

带式输送机广泛应用于煤矿井下。带式输送机输送能力强，输送距离远，结构简单，易于维护，能方便地实行程序化控制和自动化操作。运用输送带的连续或间歇运动来输送100 kg以下的物品或粉状、颗粒状物品，其运行高速、平稳、噪声低，并可以上下坡传送。

带式输送机属于线体输送，线体输送可根据工艺要求选用普通连续运行、节拍运行、变速运行等多种控制方式；线体形式因地制宜选用直线、弯道、斜坡等。

带式输送机可用于水平运输或倾斜运输，使用非常方便，广泛应用于现代化的各种工业企业中，如矿山的井下巷道、矿井地面运输系统、露天采矿场及选矿厂中。根据输送工艺要求，可以单台输送，也可多台组成或与其他输送设备组成水平或倾斜的输送系统，以满足不同布置形式的作业线需要。

6. 转载机

转载机在工作时，一端与工作面的输送机搭接，一端与带式输送机的机尾相连。它在大型综采工艺的三机配套中的作用，是把在采掘面上由刮板输送机运出的煤炭，由巷道底板升高后，转送到带式输送机上。

顺槽桥式刮板转载机主要用于高产高效综合机械化工作面，可与工作面刮板输送机、破碎机及带式输送机配套使用。使用时将转载机的小车搭接在带式输送机的导轨上，并能沿其作整体运动，从而使转载机随工作面输送机的推移步距作整体调整，煤炭由工作面输送机经桥式转载机转载到可伸缩带式输送机上运走。

3.1.4 次生环境

次生环境是自然环境中受人类活动影响较多的地域，是原生环境演变成的一种人工生态环境。人类活动作用于周围的环境引起的人为环境问题，叫次生环境问题，也叫第二环境问题。煤矿井下，在人和机械的作用下，原有地质环境发生变化，形成新的环境系统，煤矿井下次生环境因素主要有粉尘、煤尘、噪声、振动等。

1. 粉尘

在煤矿生产过程中，煤矿的采掘、运输、选煤等生产过程以及燃煤、煤层和矸石山自燃等都会产生粉尘。其中采掘过程和煤炭洗选加工是煤矿产生粉尘的主要因素。如在地下开采中，采掘工作面产生的粉尘可占矿井产尘总量的 70% ~85%。

煤矿粉尘以煤尘为主，也有岩粉和其他物质粉尘。粉尘具有湿润性、黏附性、电荷性、爆炸性、气溶性等一些特殊性质，可悬浮于矿井水和空气之中或沉附于各种物体表面。产尘量一般与煤及其夹矸的性质、采煤方法、地质构造的破坏程度以及煤层的附存状况和水文地质条件等因素有关。

矿井中空气的粉尘浓度随作业地点的不同而发生变化，有数毫克/立方米到数克/立方米。在煤矿井下回采、掘进、运输及提升等各生产过程中，几乎所有的作业操作（如打眼、爆破、清理工作面、装载、运输、转载、顶板管理等）过程中均能产生粉尘。煤矿工人长期在粉尘环境中工作，可引起各种疾病，如尘肺病、肺气肿、尘源性支气管炎、慢性阻塞性肺部疾患等。危害最大的是尘肺病（矽肺、煤肺等）。

2. 煤尘

煤尘分为粗尘、细尘、微尘、超微粉尘。煤尘本身具有爆炸性，当煤尘颗粒直径小于 1 mm 时，与空气接触的面积大，当浓度达到一定程度，遇到电火花容易发生爆炸，爆炸的主体煤尘的粒径为 75 μm。

国外对煤尘浓度的研究主要集中在呼吸性煤尘（粒径小于 7 μm）浓度方面，呼吸性粉尘可以造成煤矿工人严重的尘肺病。

据卫生部统计，2002 年底，我国尘肺病累计病例达到 58 万人，其中仍然存活者 44 万多人。2002 年，全国共报尘肺病患者 12448 例，其中煤矿系统的尘肺病例占 47.6%（仅为原国有重点煤矿病例数，不包括地方煤矿和乡镇煤矿）。每年尘肺病造成的直接经济损失达 80 亿元人民币。2003 年，全国产煤 17.4×10^8 t，其中地方煤矿和乡镇煤矿近 9×10^8 t。专家认为，全国估计有 120 多万尘肺病患者，这意味着每 1000 个中国人中就有一个尘肺病患者。

现在煤炭生产已经实现了机械化，部分煤矿已经达到了相当的生产自动化水平，大量的贵重设备和精密仪器应用在井下，煤尘颗粒会加速这些机械设备的磨损，缩短精密仪器的使用寿命。

3. 噪声

随着现代工业的发展，机器的功率越来越大，数量越来越多，转速越来越快，因而产生的噪声越来越强。煤矿生产所用设备多属高噪声设备，如通风机、空气压缩机、凿岩机、采煤机，洗煤厂的跳汰机、破碎机、振动筛等。此外，采掘爆破噪声亦是高噪声。这些噪声都属于煤矿生产噪声。噪声是污染矿山环境的公害之一，而矿井作业人员所受危害更大，会引发多种疾病，并使井下工人劳动效率降低，警觉迟钝，不容易发现事故前征兆和隐患，增加发生事故的可能性。

为保护劳动者的身心健康和减少事故的发生，《工业企业噪声卫生标准》规定：工业企业的生产车间和作业场所工作地点的噪声标准为 85 dB（A），一时达不到者也不得超过 90 dB（A）。

目前，我国煤矿主要作业场所的噪声大多超过有关规定的限值，处于噪声环境中的矿工占比例较大。据调查，某矿暴露于 70 dB（A）以上噪声级的矿工占在籍人数的 40%，占生产工人的 60% 。在这些矿工中有 76% 处于 90 dB（A）以上环境中，其中处于 100 dB（A）以上的达 55% ，经听力检查，发现约 3% 患噪声性耳聋。

3.2 煤矿井下环境危害因素

3.2.1 粉尘

粉尘是由自然力或机械力产生的，能够悬浮于空气中的固态微小颗粒。国际上将粒径小于 75 μm 的固体悬浮物定义为粉尘。在通风除尘技术中，一般将 1 ~ 200 μm 乃至更大粒径的固体悬浮物均视为粉尘。

1. 粉尘的影响因素

煤是古代植物经过亿万年的地壳运动逐渐变质而成的，而且煤炭大都是埋藏在地下的沉积岩层里。由于各地煤矿的地质构造不同，在煤矿生产过程中所产生的粉尘，其理化特性也各不相同。同一煤矿，岩石掘进工作面和采煤工作面粉尘的性质也不相同，前者是岩尘，后者是煤尘。不同煤矿，即使是同一工种，所产生粉尘的性质也不完全相同。

煤矿里的粉尘特别是微细粉尘的浓度比金属矿里高得多，这是因为煤的脆性大，煤的强度比金属矿石低得多，煤矿的回采工作集中化和机械化程度高。影响煤矿井下粉尘量的主要因素有以下 8 个方面。

1）机械化程度

随着采掘机械化程度的提高，粉尘产生量也随之增多。机采工作面煤尘浓度高达 8888 mg/m^3，而风镐落煤时煤尘浓度为 800 mg/m^3 左右，一般炮采工作面工作地点的煤尘浓度为 400 ~ 600 mg/m^3。

由于生产的机械化促进了生产的集中化，使矿井的工作面个数减少，工作面增长，工人集中，其结果使一个较小的空间产生较多的粉尘，工作场所中空气的粉尘浓度显著增加。同时，由于采掘工作的集中化，要求加强通风和提高风速，其结果使粉尘在矿井巷道里传播得更远。

2）煤或岩的物理性质

一般情况下，节理发达、脆性大而易碎、结构疏松、水分较低、坚硬的煤、岩产生的粉尘量较多。

3）地质构造情况

地质构造复杂、断层褶皱发育、受地质构造运动破坏强烈的地区，开采时粉尘产生量较大，反之则较小。

4）煤层赋存情况

虽然钻眼、爆破、装载和其他回采工作产生的粉尘量基本上是一定的，但由于开采薄煤层或薄矿脉时，采煤工作面矮小，空间体积也小，粉尘量相对来说增大了。而且开采薄煤层时，掘进巷道必须挑顶或拉底，产生不少矽尘，使矽肺发病率增高。

另外，一般说来，开采缓倾斜煤层比开采急倾斜煤层粉尘产生量要少，但它与开采方法有关。

5）采煤方法

急倾斜煤层采用倒台阶采煤法比水平分层采煤法煤尘产生量要大，全面垮落采煤法比充填采煤法煤尘产生量要大。

6）围岩的成分

当煤层的顶底板围岩是松软而有塑性的岩石产生的粉尘比顶底板围岩中有砂岩、砾岩或其他含有大量石英的岩石时要少得多。

7）采掘机械的结构

如采用宽截齿，合理的截割速度、牵引速度、截割深度以及合理的截齿排列均能减少粉尘的产生。

8）通风状况

通风和粉尘量关系密切，风量大些能稀释粉尘，并能将粉尘带出矿井。但风量过大，风速必高，它又能将已沉降的粉尘或大颗粒粉尘吹扬起来，增加了工作面粉尘浓度。研究表明，回采工作面的风速在 $1.2 \sim 1.6$ m/s 时浮游煤尘量最少，而掘进工作面的风速须大于 0.64 m/s。

上面各主要因素中，生产过程是粉尘的主要来源，而地质作用生成的原生煤尘是次要来源。从粉尘产生量来看，以采掘工作为最多，其次为运输系统各转载点。

必须指出，各个矿井里产生的粉尘量是不同的。甚至在同一矿井里，各个地点的粉尘浓度也不相同，并且在一个工作班里随时间而变化。由于矿井里各种作业是按一定顺序重复进行的，它的产尘量也随之而变。但是，在同样的条件下，进行一定的作业，用相同的工作方法，则产生的粉尘量也大致相同。

2. 粉尘的性质

1）粉尘的粒度分布和分散度

粉尘的粒度分布和分散度是两个不同的物理概念。过去用粉尘的分散度来表示粉尘的粒度分布是不确切的。国内外有关文献分析研究表明，应根据不同情况分别应用粉尘的粒度分布和分散度来描述粉尘的性质。

（1）粉尘的粒度分布。粉尘中各种粒径或粒级（某一定粒径范围，如 $0 \sim 2$ μm，$2 \sim 5$ μm等）所占的质量或颗粒百分数，叫做粉尘的粒度分布。粒度分布的表示方法也可采用粒径 d_i 与该粒径的粒子数 U_i 的关系曲线，或用粒径 d_i 与它所占质量的百分数 X_i 的粒度特性曲线表示。还可用累积质量曲线表示。

（2）粉尘的分散度。在胶体化学内用比面，就是粒子表面积与体积的比率 $S_0 =$ 表面积/体积，表示这个体系分裂程度特性，称为分散度。分散度仅仅是胶体状态特征之一。胶体体系的不少性质是随着分散度而改变。分散度高，则粒径小，粉尘的表面积大；反之，则粒径大，粉尘的表面积小。

2）粉尘的表面积和吸附性

粉尘的表面积和粉尘的分散度有密切关系。分散度越高，粉尘的表面积越大。即使相同重量的粉尘，分散度高的要比分散度低的表面积大很多倍。表面积大的粉尘，颗粒自然接触面大，它的吸附能力、溶解性和化学活性也随之增大，容易在人体的肺泡里引起纤维性病变。同时，自然接触面大的尘粒和氧气的接触面积也大，有的粉尘容易氧化而造成燃烧或爆炸。

3）粉尘的悬浮性

直径小、重量轻的微细粉尘，在空气中不易降落，可以较长时间悬浮于空气中，微细粉尘的这种物理特性，叫做悬浮性。有时在细小尘粒的周围形成一层空气薄膜，阻碍粉尘的凝聚，更增加了粉尘在空气中的悬浮时间。粉尘由于自身的重量，可以逐渐沉降。直径大于 10 μm 的，在静止的空气中呈加速度下降；直径为 0.1～10 μm 的尘粒，呈等速下降；直径小于 0.1 μm 的尘粒，基本上不降落。在空气流动的环境中，直径大于 10 μm 的尘粒，很快就会沉降下来，直径为 10 μm 的尘粒，30 min 后仍可能有一部分没有降落；直径为 1 μm 的尘粒，在一天的时间内也不沉降下来。

4）尘粒的凝聚性

细微尘粒由于高温影响、粒子的表面电荷、布朗运动和声波的振动以及磁力作用，使粒子相互碰撞而凝聚在一起，增加了粉尘的直径和质量，使其沉降速度加快。

5）粉尘的吸湿性

当空气湿润或有水雾时，粉尘粒子被湿润而相互凝聚。所有粉尘可以根据被水湿润的程度不同分为两大类：疏水性粉尘和亲水性粉尘。对于 5 μm 以下的尘粒，即使是亲水性粉尘，也只有在尘粒与水滴具有较高的相对速度的情况下才能被湿润。当尘粒被湿润后，增加了粉尘的直径和质量，使其沉降加快。工作面的喷雾洒水降尘以及湿式除尘器就是利用这个特性。

6）尘粒的荷电性

粉尘在产生过程中由于物料的激烈撞击、粒子彼此间或粒子与物料间的高速摩擦以及电晕放电等作用而发生荷电。在矿井里，带正电荷的尘粒和带负电荷的尘粒多半同时存在，它们相互吸引、凝聚而易于降落。但是，据实验，带电荷的粉尘容易被阻留在呼吸道中，增加粉尘对人体的危害性。

7）粉尘的安息角

如果将粉体自由地倾泻到一块平板上，粉体就会堆成圆锥体。这一圆锥体的母线同平面的夹角叫做安息角。粉体的安息角与粒子的种类、粒径、形状和湿润大小有关。许多粉尘安息角的平均值大约为 35°。一般来说，粉尘越细，含水率越高，则安息角愈大；表面光滑的粒子和趋近于球形的粒子，安息角愈小。

8）粉尘的化学成分

不同煤矿，由于煤系不同，它们的化学组成亦不一样。煤层是夹埋在沉积岩层中的，常见的煤系沉积岩有页岩、砂岩、砾岩、石灰岩等，其中砂岩和砾岩中游离二氧化硅含量较高，石灰石和页岩中含量较低。煤层中以煤为主，有时夹杂些矸石等物。煤是由有机物质、碳氢化合物等元素组成，以碳为主并有少量的硫、磷等物质和少量的矿物质，而这些矿物质主要是游离二氧化硅和硅酸盐。

煤中游离二氧化硅的含量为 1%～5%，很少超过 5%。无烟煤中游离二氧化硅含量一般较烟煤高，个别甚至高达 10%。

3.2.2 煤尘

煤尘是从爆炸角度定义的，一般指粒径在 0.75～1 mm 以下的煤炭微粒；它能通过人体上呼吸道而进入肺泡区，是导致尘肺病的病因，对人体健康威胁很大。

1. 煤尘的特性

（1）煤尘表面吸附一层空气薄膜，阻碍粉尘间或水滴与粉尘间的凝聚沉降。

（2）煤尘的分散度增大，吸附在其表面的氧分子增多，加快了煤尘氧化分解过程。

（3）细微煤尘由于表面积增大，煤尘中的游离二氧化硅很容易溶解于人体肺细胞中。

（4）采掘工作面产生的新鲜煤尘较回风道中的煤尘易带电。

2. 煤尘的危害

人体通过各种清除功能，可排除进入呼吸道的 97% ~99% 的粉尘，1% ~3% 的尘粒沉积在体内。但长期较大量吸入粉尘可削弱上述各项清除功能，导致粉尘过量沉积，酿成肺组织病变，引起呼吸系统疾病。

除此以外，煤尘还易引起爆炸；能加速机械的磨损，减少精密仪器的使用时间；能降低工作场所的能见度，使工伤事故增多。因此认真做好矿尘防治工作，是矿井生产管理中必不可少的环节。

3.2.3 高温

有些矿井由于地质条件和开采深度等原因，存在高温高湿现象，即使不是高温矿井，由于回采和掘进等生产过程中的湿式作业，也会使井下工作环境的湿度较高。工人在高温条件下作业主要的生理功能改变表现为体温调节功能失调、水盐代谢紊乱、血压下降，严重时可导致心肌损伤、肾脏功能下降。

根据《煤炭资源地质勘探地温测量若干规定》：平均地温梯度不超过 3 ℃/hm 的地区为地温正常区，超过 3 ℃/hm 的为高温异常区，原始岩温高于 31 ℃ 的地区为一级热害区，高于 37 ℃ 的为二级热害区。

1. 矿井热害的类型

根据已知矿井热害的地质条件，基本上可划分为以下 4 种类型。

1）热水型

这种类型的矿井热害主要由地下热水造成。大气降水渗入地下深部受地温加热，然后在适当的地质构造条件下上升至浅部或地表，构成地下热水或温泉。地下热水多发育在较深的断裂错动带，故多为裂隙脉状水，其分布面积通常不大，有时相隔很近的钻孔有的出热水，有的出冷水。

2）正常地热增温型

这种类型的矿井是由于开拓深度增加，地温逐步升高。其特点是地温分布范围较广，等温线起伏平缓，无明显异常带出现。煤炭系统的许多矿井就是如此，开采深度已达600 ~800 m，最深达 1000 m 左右。在这样的深度进行开采，即使以正常的地温梯度增加，也都会遇到不同程度的矿井高温环境。在其他金属和非金属矿井也存在这种类型的矿井热害。如果在采掘时涌出地下热水，则会更加重热害。

3）地热异常型

这种类型主要是地质条件特殊，地温梯度大，开采浅部矿层也出现矿井热害。随着开拓深度增加，热害则会更加严重。这种特殊的地质条件多为岩浆活动地区，构造断裂地带以及基底抬高并处于断裂封闭地区等。如河南平顶山八矿于 350 m 深度的矿井气温已达31 ~32 ℃，510 m 深度的岩温普遍高达 35 ℃ 左右。

4）含硫化合物氧化型

这种类型的矿井热害主要是由于含硫化合物的矿石在开采过程中与空气接触，发生氧化反应，并伴随放热，从而聚集热量产生高温，且易导致自燃，造成严重的矿井热害。划分这一类型，是从类型划分和治理措施观点出发，而不是从地质勘探和研究矿床地温考虑的。

2. 矿井高温的影响因素

矿井高温的影响因素主要包括以下几个方面：

（1）矿井地面大气环境，井底温度与地面温度存在一定关系，随着季节的不同，井底温度与地面温度差别也不同，当夏季持续高温时段，矿井高温热害尤为突出。

（2）巷道围岩放热，在有的矿井，围岩是矿内风流的主要加热源。

（3）矿井涌水放热。

（4）机电设备运转时放热是不可忽视的高温热源。

（5）风流压缩热，风流经过局部通风机高压压缩送入工作面，风筒内的风流比局部通风机前风流的温度升高，而风筒出口风流膨胀吸热时，温度降低远远低于压缩升温，压缩热对掘进工作面也有着一定的影响。

3. 衡量矿井温度的指标

1）干球温度

干球温度是我国现行的评价矿井气候条件的指标之一，在一定程度上直接反映出矿井气候条件的好坏。该指标比较简单，使用方便。但该指标只反映了气温对矿井气候条件的影响，而没有反映出气候条件对人体热平衡的综合作用。

2）湿球温度

湿球温度可以反映空气温度和相对湿度对人体热平衡的影响，比干球温度要合理些。但这个指标仍没有反映风速对人体热平衡的影响。

3）等效温度

等效温度定义为湿空气的焓与比热的比值，它是一个以能量为基础来评价矿井气候条件的指标。

4）同感温度

同感温度（也称有效温度）是1923年由美国采暖工程师协会提出的。这个指标是通过实验，凭受试者对环境的感觉而得出的同感温度计算图。

煤矿井下高温作业时，人体可出现一系列的生理功能改变，主要为体温调节、水盐代谢、循环、消化、神经、泌尿等系统的适应性变化。

在高温环境下，劳动强度大，持续时间长，致使机体散热机制障碍，或当周围环境超过人体表面温度（34 ℃）时，即有发生中暑的可能。

3.2.4 高气压

矿井下海拔低，单位体积上积累空气的气体分子数目越多，空气质量越大，气压随之增大。因此，矿井下压强比标准大气压高，并且越深气压越大。在3000 m以内，大约每加深10 m，大气压增加100 Pa，每加深100 m，大气压增加1000 Pa。

大气压力降低时，采空区内气体压力相对增高，气体膨胀，采空区瓦斯涌出量增大，造成人员在密闭附近遇险、遇难。当气压下降时，大气中氧分压、肺泡中氧分压以及动脉血氧饱和度都随之下降，导致人体发生一系列生理反应，机体为补偿缺氧而加快呼吸及血循环，出现呼吸急促、心率加快的现象，由于人体（特别是脑）缺氧，还会出现头晕、头痛、恶心、呕吐和乏力等症状，严重者甚至会发生肺水肿和昏迷。

3.2.5　高湿

高湿的工作环境使工人的两手等处发生皮肤糜烂，同时也容易诱发皮肤病。由于全身性的长时间处于低温高湿环境，使人体热损失过多，深部体温（口温、肛温）下降到生理可耐限度以下，从而产生低温的不舒适症状，出现呼吸急促、心率加快、头痛、瞌睡、身体麻木等生理反应，还会出现感觉迟钝、动作反应不灵活、注意力不集中、不稳定，以及否定的情绪体验等心理反应。

1. 影响井下潮湿的原因

1）外界热湿空气进入井下

由于井内处于恒温层，地温常年保持不变，距地面较深的地下建筑物内部的空气温度主要受地下岩温的影响，可近似认为是恒温值。而井下空气的湿度则受外界气候的影响较大，当外界空气的含湿量大时，井下的含湿量就增大。

根据井上下温度、湿度变化规律，可以把全年分成干燥、干湿过渡和潮湿3个季节。潮湿季节矿井通风时，井外的热湿空气进入井下时，就会和温度较低的井壁发生热交换，使空气的温度逐渐降低，相对湿度逐渐增大。当井壁的温度低于外界空气的露点温度时，井壁附近的热湿空气就会急剧地变为饱和状态，并在井壁结露，使井壁出现凝结水。当外部的热湿空气和井下的低温空气混合时，空气温度就会降低，相对湿度增高；当井下温度低于外界空气的露点温度，外界空气的热量又不能使混合后的空气温度提高至原热湿空气的露点温度以上时，热湿空气就会达到饱和状态，使空气中的水蒸气凝成小水滴而成为雾状。

潮湿季节通风给井下带进的湿量是相当大的，潮湿季节外界的热湿空气进入井下会使井下空气增湿，这也是矿井夏季比冬季潮湿的主要原因之一。要摸清井下潮湿和外界气候的变化关系，需连续记载井上井下温度、湿度3~5年的变化情况。

2）壁面散湿

壁面散湿主要是指施工水分和地下水通过衬砌层散发、渗透以及衬砌层外的潮气对内部的渗透。

3）施工水分

施工水分虽说不少，但总是有限的，对井下潮湿的影响也只是暂时的，在矿井基建施工过程中，由于拌和混凝土（需水180~250 kg/m），砂浆（需水300~450 kg/m）和养护混凝土都需大量水，而这些水的大部分（称为施工余水的部分）在施工后要逐渐通过壁面散发出来。根据测试情况来看，它的散发在刚完工后比较大，待两个月后就逐渐趋于稳定状态，过1~3年后，就可基本蒸发完。

4）渗漏水

渗水是地下水通过岩体或衬砌层的毛细孔渗透到井内，漏水则是地面水和地下水在重力作用下通过岩体裂缝、断层、破碎带流到岩体与衬砌层的空间。井下渗漏水主要受地形、地质、水文、季节、支护结构型式等因素的影响。

当矿井处在岩层破碎、多断层带、地下水旺盛或在雨季时，衬砌层的施工质量差，矿井的渗漏水就严重，有的甚至在井壁上流淌。对于这类矿井，渗漏水是造成井下潮湿的一个主要原因。

5）衬砌层外潮气对坑内的渗透

如果矿井的地下水不旺盛，或衬砌层施工质量好，井下没有渗漏水。但衬砌层内外水蒸气含量只要有明显的差别，衬砌层外的湿空气就会通过衬砌层的毛细孔内向坑内扩散，而且是一个连续的过程。无衬砌层时（坑木支护的巷道），水蒸气则是通过岩体的裂隙直接向坑内散发。

壁面散湿除受矿井的地形、地质情况、水文、施工质量、渗漏水、施工水分、衬砌层的结构型式和材料直接影响大小外，还和井下空气的温度、湿度和风速、竣工时间等因素有关。

3.2.6 噪声

煤炭行业是高噪声行业之一，噪声污染相当严重，不仅声压级高且声源分布面广，从井下的采煤、掘进、运输、提升、通风、排水、压气，到露天矿的开采、地面选煤厂煤的分选加工，以及机电设备的装配维修等，噪声源无处不在。煤矿噪声具有强度大、声级高、连续噪声多、频带宽等特点，对作业环境污染特别严重。

1. 噪声的来源

煤矿在建设过程中噪声的产生环节主要来源于施工机械、交通运输产生的噪声，井下巷道掘进过程中产生的噪声以及通风机和空压机运行所产生的噪声；在运营期噪声主要来源于生产设备的运行、采掘机械、凿岩工具、通风机、运输车辆等。

1）露天煤矿的噪声源

露天煤矿噪声危害普遍存在。采矿、运输过程中使用的主要大型设备有钻机、斗容电铲、载重自卸车、推土机、破碎机，胶带运输过程中的转载站和驱动站，这些机械和设备在运转过程中都会产生强度不等的噪声。暴露于噪声中的主要工种有穿孔机操作工、挖掘机司机、排土设备司机、矿用重型汽车司机、把钩工、翻车机司机、钢缆皮带操作工、转载站和驱动站看护工、露天坑下普工等。

2）井工煤矿的噪声源

井下凿岩、打眼、爆破、割煤、运输、机修、通风等作业环节使用的风动凿岩机、风镐、通风机、煤电钻、乳化液机、采煤机、掘进机、带式输送机等是井下常见的噪声源。此外，局部通风机、空气压缩机、提升机、水泵、刮板输送机、装岩机也是主要噪声源。噪声强度是危害健康的主要参数，井工矿噪声危害较重。

2. 噪声危害

噪声对人体的影响和危害一般可分为劳动保护和环境保护两方面。前者指危害人的身体健康，导致各种疾病的发生；后者指干扰环境安静，影响人们正常的工作和生活。为此，国家颁布《工业企业噪声卫生标准》和《工业企业噪声控制设计规范》，严格控制噪声污染。根据规定，企业允许噪声为 85 dB；凡原有企业暂时达不到标准者，对大于 90 dB 的噪声污染，都要采取改进措施。

1）煤矿井下噪声对矿工身体健康的影响

煤矿噪声存在于煤矿生产建设的各个环节，对施工人员的身心危害很大。噪声主要有6个方面的危害：一是损害听力；二是引发各种心血管疾病；三是对交流的通信联络造成干扰，甚至还会因此出现安全事故；四是使人疲劳，注意力下降，劳动效率降低；五是使人烦躁，妨碍休息；六是特别强的噪声还会导致仪器失灵。

煤矿井下在回采、掘进、运输及提升等各生产过程中都会产生噪声，煤矿工人长期工作在高噪声环境下而又没有采取有效的防护措施，将导致永久性的无可挽回的听力损失，甚至导致严重的职业性耳聋。

强噪声除了可导致耳聋外，还可对人体的神经系统、心血管系统、消化系统以及生殖机能等产生不良的影响。

噪声污染还会严重影响人的正常的免疫功能，严重损害人的视力，使人胃肠功能紊乱、植物性神经紊乱，从而产生全身乏力、昏晕、头痛等多种症状，还会引起饮食、睡眠、焦虑、抑郁、强迫障碍等问题。

2）煤矿矿井噪声很容易造成安全事故

煤矿矿井噪声污染会影响到工人的信息加工能力和信息传递能力。不同的噪声会对其他声音信息以及语言信息具有掩蔽效应和干扰作用。在噪声的环境中，人们为了更有效地交流，就必须进行大声说话，并尽可能用最少量的语言符号进行表达，这样就使人们的交流和表达受到了限制。在煤矿矿井中常利用声信号进行危险信号的传送，由于噪声具有掩蔽效应，很容易造成工人不能及时收到危险信号，造成事故的发生率上升。工人们长期生活在强噪声的环境中，很容易出现警觉迟钝、效率低下，安全隐患不容易被发现，从而加大了事故发生的风险。

3.2.7 振动

长期在振动环境中工作，全身振动能引起前庭功能兴奋性异常，而引起协调障碍、眼球颤动等；还可能引起内分泌系统、循环系统、消化系统和植物神经功能等一系列改变，并能产生不良的心理效应，如疲劳、劳动能力减退等。全身振动常引起足部周围神经和血管的改变，脚痛、感觉轻度减退或过敏，小腿及脚部肌肉有触痛，足背动脉搏动减弱，趾甲床毛细血管痉挛倾向，脚部皮温降低等。

3.2.8 瓦斯

矿井瓦斯，从广义上理解，是煤矿生产过程中，从煤、岩内涌出的以甲烷为主的各种有害气体的总称。煤矿井下的有害气体有甲烷（沼气）、乙烷、二氧化碳、一氧化碳、硫化氢、二氧化硫、氮氧化物、氢、氮等，其中甲烷所占比重最大，在80%以上。从狭义上理解，矿井瓦斯单指甲烷。本书中的瓦斯概念是狭义上的理解。

瓦斯的化学名称叫甲烷（CH_4），是无色、无味、无毒的气体。瓦斯混合到空气中后，既看不见，又摸不着，还闻不出来，只能依靠专门的仪器才能检测到。甲烷分子的直径为0.3758×10^{-9} m，可以在微小的煤体孔隙和裂隙里流动。其扩散速度是空气的1.34倍，从煤岩中涌出的瓦斯会很快扩散到巷道空间。甲烷标准状态时的密度为0.716 kg/m³，比空气轻，与空气相比的相对密度为0.554。瓦斯微溶于水。

1. 矿井瓦斯的生成

煤矿井下的瓦斯主要来自煤层和煤系地层，关于它的成因学说有多种多样。但是，目前国内外多数学者认为煤中的瓦斯是在成煤的煤化作用过程中形成的，即有机成因说。

有机成因说认为：煤层瓦斯是腐植型有机物（植物）在成煤过程中生成的。成气过程可分为两个阶段。

（1）生物化学成气时期。从植物遗体到泥炭居于生物化学成气时期，这个时期是从成煤原始有机物堆积在沼泽相和三角洲相环境中开始的。在植物沉积成煤初期的泥炭化过程中，有机物（主要成分为纤维素和木质素）在隔绝外部氧气进入和温度不超过 65 ℃ 的条件下，被厌氧微生物分解为甲烷、二氧化碳和二氧化氢。由于这一过程发生于地表附近，上覆盖层不厚且透气性较好，因而生成的气体大部分散失于古大气中。随着泥炭层的逐渐下沉和地层沉积厚度的增加，压力和温度也随之增加，生物化学作用逐渐减弱并最终停止。

（2）煤化变质作用时期。从褐煤到烟煤，直到无烟煤属于煤化变质作用成气时期。随着煤系地层的沉降及所处压力和温度的增加，泥炭转化为褐煤并进入变质作用时期，有机物在高温、高压作用下，挥发分减少，固定碳增加，这时生成的气体主要为甲烷和二氧化碳。这个阶段中，瓦斯生成量随着煤的变质程度增高而增多。但在漫长的地质年代中，在地质构造（地层的隆起、侵蚀和断裂）的形成和变化过程中，瓦斯本身在其压力差和浓度差的驱动下进行运移，一部分或大部分瓦斯扩散到大气中，或转移到围岩内。所以不同煤田甚至同一煤田不同区域煤层的瓦斯含量差别可能很大。

2. 瓦斯在煤体内存在的状态

瓦斯以游离和吸附这两种状态存在于煤体内。

1）游离状态

游离状态也叫自由状态，这种状态的瓦斯以自由气体存在，呈现出压力并服从自由气体定律，存在于煤体或围岩的裂隙和较大孔隙（孔径大于 $0.01~\mu m$）内。游离瓦斯量的大小与贮存空间的容积和瓦斯压力成正比，与瓦斯温度成反比。

2）吸附状态

吸附状态的瓦斯主要吸附在煤的微孔表面上（吸着瓦斯）和煤的微粒结构内部（吸收瓦斯）。吸着状态是在孔隙表面的固体分子引力作用下，瓦斯分子被紧密地吸附于孔隙表面上，形成很薄的吸附层；而吸收状态是瓦斯分子充填到几埃到十几埃的微细孔隙内，占据着煤分子结构的空位和煤分子之间的空间，如同气体溶解于液体中的状态（固溶体）。吸附瓦斯量的大小与煤的性质、孔隙结构特点以及瓦斯压力和温度有关。

3. 影响煤层瓦斯含量的因素

瓦斯含量是指单位体积或质量的煤在自然状态下所含有的瓦斯量（标准状态下的瓦斯体积），单位为 m^3/m^3（cm^3/cm^3）或 m^3/t（cm^3/g）。煤层未受采动影响时的瓦斯含量，称为原始瓦斯含量；如煤层受采动影响，已部分排出瓦斯，则剩余在煤层中的瓦斯量称为残余瓦斯含量。煤层瓦斯含量等于吸附含量和游离含量之和。

1）煤的吸附特性

煤的吸附性能决定于煤化程度，一般情况下煤的煤化程度越高，存储瓦斯的能力越强。但应指出，当由无烟煤向超级无烟煤过渡时，煤的吸附能力急剧减小，煤层瓦斯含量大为降低。

2）煤层露头

煤层如果有或曾经有过露头长时间与大气相通，瓦斯含量就不会很大。因为煤层的裂隙比岩层要发育，透气性高于岩层，瓦斯能沿煤层流动而逸散到大气中去。反之，如果煤层没有通达地表的露头，瓦斯难以逸散，瓦斯含量就较大。

3）煤层的埋藏深度

煤层的埋藏深度越深，煤层中的瓦斯向地表运移的距离就越长，散失就越困难。同时，深度的增加也使煤层在压力的作用下降低了透气性，也有利于保存瓦斯。在近代开采深度范围内，煤层的瓦斯含量随深度的增加而呈线性增加。

4）围岩透气性

煤系岩性组合和煤层围岩性质对煤层瓦斯含量影响很大。如果围岩为致密完整的低透气性岩层，煤层中的瓦斯就易于保存下来。反之，煤层瓦斯含量小。通常，泥岩、页岩、砂页岩、粉砂岩和致密的灰岩等透气性差，封闭瓦斯的条件好，所以煤层瓦斯压力高、瓦斯含量大；若围岩是由厚层中粗砂岩、砾岩或是裂隙溶洞发育的灰岩组成，煤层瓦斯含量往往较小。

5）煤层倾角

埋藏深度相同时，煤层倾角越小，瓦斯含量越大。因为倾角越小，瓦斯运移的途径越长。

6）地质构造

地质构造是影响煤层瓦斯含量的最重要因素之一。在围岩属低透气性的条件下，封闭型地质构造有利于储存瓦斯，而开放型地质构造有利于排放瓦斯。

（1）褶曲构造。褶曲类型和褶皱复杂程度对瓦斯赋存均有影响，当围岩的封闭条件较好时，背斜往往有利于瓦斯的储存，是良好的储气构造。但是，当背斜轴顶部岩层是透气性岩层或因张力形成连通地表或其他贮气构造的裂隙时，其瓦斯含量因能转移反而比翼部少。对向斜而言，当轴部顶板岩层受到的挤压应力比底板岩层强烈，使顶板岩层和两翼煤层透气性变小，瓦斯就易于贮存在向斜轴部。当煤层或围岩的裂隙发育透气性较好时，轴部的瓦斯容易通过构造裂隙和煤层转移到围岩和向斜的翼部，瓦斯含量反而减少。

受构造力作用在煤层局部形成的大型煤包，由于周围煤层在应力作用下压向煤包，形成煤包内瓦斯的封闭条件，瓦斯含量大。同理，由两条封闭性断层与致密岩层圈闭的地垒或地堑构造，也可成为瓦斯含量增高区。

（2）断层构造。断层对煤层瓦斯含量的影响比较复杂，一方面要看断层（带）的封闭性，另一方面要看与煤层接触的对盘岩层的透气性。开放型断层（一般为张性、张扭性或导水的压性断层），不论其和地表是否直接相通，附近的煤层瓦斯含量都会降低。封闭型断层（压性、压扭性不导水断层），煤层对盘岩性透气性低时，可以阻止瓦斯的释放。如果断层的规模大而断距长时，在断层附近也可能出现一定宽度的瓦斯含量降低区。

7）水文地质条件

虽然瓦斯在水中的溶解度很小，但是如果煤层中有较大的含水裂隙或流通的地下水通过时，经过漫长的地质年代，也能从煤层中带走大量瓦斯，降低煤层的瓦斯含量。而且，地下水还会溶蚀并带走围岩中的可溶性矿物质，从而增加了煤系地层的透气性，有利于煤层瓦斯的流失。目前许多矿井所谓的"水大瓦斯小，水小瓦斯大"就是这个原因。

4. 煤矿瓦斯危害

煤矿瓦斯可能会引发瓦斯窒息、瓦斯燃烧、瓦斯爆炸、瓦斯爆炸引起的煤尘爆炸或火灾等。

1) 瓦斯窒息

煤矿瓦斯一般游离储存在密闭的岩缝或煤层中，进行煤矿开采作业时，当存储有瓦斯的岩层被破坏，便有大量的瓦斯涌出。此时，如果煤矿的通风设施不能正常、高效地运作，就会造成井下工作人员因吸入瓦斯而窒息。

2) 瓦斯燃烧

瓦斯自身就是一种非常容易燃烧的气体，而煤层中的瓦斯含量又普遍较高，要是不能及时有效地对煤矿瓦斯进行稀释、排出，当矿井局部空间有浓度较高的瓦斯积聚时，一旦有火源出现就有可能会引起瓦斯燃烧，造成煤矿火灾。

3) 瓦斯爆炸

一定浓度的氧气与一定浓度的瓦斯在合适的温度作用下便会产生激烈氧化反应，这就是我们通常所说的瓦斯爆炸。瓦斯爆炸对于矿井而言是一个非常重大的灾难。因为在煤矿的生产过程中，常常会因为各种生产、工作行为而产生火花，这就可能会引发瓦斯爆炸，严重的还会产生煤层连锁爆炸。

4) 环境污染

目前，全球对于煤矿的开采日渐规模化，这在一定程度上加大了煤矿瓦斯的排出量，大量瓦斯被排放到矿井外部空气中，就会加剧温室效应。

5. 瓦斯爆炸的主要参数

1) 瓦斯的爆炸浓度

理论分析和试验研究表明，在正常的大气环境中，瓦斯只在一定的浓度范围内爆炸，这个浓度范围称瓦斯的爆炸界限，其最低浓度界限叫爆炸下限，其最高浓度界限叫爆炸上限，瓦斯在空气中的爆炸下限为 5% ~6%，上限为 14% ~16%。

在正常空气中瓦斯浓度为 9.5% 时，化学反应量完全，产生的温度与压力也最大。瓦斯浓度在 7% ~8% 时最容易爆炸，这个浓度称最优爆炸浓度。

瓦斯爆炸界限不是固定不变的，它受到许多因素的影响，其中重要的有以下几点：

(1) 氧气浓度。正常大气压和常温时，瓦斯爆炸浓度与氧气浓度关系密切，瓦斯爆炸界限随着氧气浓度的降低而缩小。氧气浓度低于 12% 时，混合气体就失去爆炸性。在封闭火区过程中，由于切断了向火区供风，火区内瓦斯浓度因继续有瓦斯涌出和烟气渗入而增大，氧气浓度降低。

(2) 其他可燃气体。混合气体中有两种以上可燃气体同时存在时，瓦斯爆炸界限决定于各可燃气体的爆炸界限和它们的浓度。

如果混入的其他可燃性气体下限比瓦斯爆炸下限低，那么混合气体的爆炸下限也就比瓦斯单独存在时低，爆炸上限也是如此。这些可燃性气体的混入都能使爆炸界限扩大。所以，井下发生火灾，产生其他可燃性气体时，即使平时瓦斯涌出量不大的矿井也有发生爆炸的可能性，应该同样提高警惕。

（3）煤尘。烟煤煤尘具有爆炸性，300～400 ℃时就能从煤尘内挥发出可燃性气体，从而使瓦斯的爆炸下限降低，爆炸的危险性增加。

（4）空气压力。爆炸前的初始压力对瓦斯的爆炸上限有很大影响。可爆性气体压力增高，使其分子间距更为接近，碰撞概率增高，因此使燃烧反应易进行，爆炸界限范围扩大。

（5）惰性气体。惰性气体的混入，使氧气浓度降低，并阻碍活化中心的形成，可以降低瓦斯爆炸的危险性。

2）瓦斯的最低点燃温度和最小点燃能量

瓦斯的最低点燃温度是指点燃瓦斯所需的最低温度，所需的点燃能量称为最小点燃能量。在正常大气条件下，瓦斯在空气中的点燃温度为650～750 ℃，点燃能量为0.28 mJ。瓦斯的最低点燃温度和最小点燃能量决定于空气中的瓦斯浓度，初压和火源的能量及其放出的强度和作用时间。压力越大，点燃温度越低。最低点燃温度是重要的安全技术参数之一，它不仅决定了在什么样的爆炸混合气体内使用什么型号的防爆电气设备，而且还决定了爆炸危险环境中设备的允许温升。

3）瓦斯的引火延迟性

瓦斯与高温热源接触后，不是立即燃烧或爆炸，而是要经过一个很短的间隔时间，这种现象称为引火延迟性，间隔的这段时间称为感应期。感应期的长短与瓦斯的浓度、火源温度和火源性质有关，而且瓦斯燃烧的感应期总是小于爆炸的感应期。

3.2.9 不良体位

人类工效学是以人为中心要素，实现人、机、环境之间的良好匹配，使人能够有效、安全、健康和舒适地进行工作。在井下作业过程中，煤矿工人长期处于不良的工作体位，肌肉关节处于过度的紧张状态而造成损伤。某矿区井下工人腰肌劳损等疾病的患病率较对照组高，主要与其长期的不合理工作体位有关。

不良体位（姿势）对工人的影响在发达国家已经引起高度重视，在我国仍处于研究的起步阶段，还未引起人们的足够重视。由于煤矿井下作业空间狭小，工人经常在不良体位（姿势）下工作，不适当的强迫性体位或工具很容易引起工人的职业性肌肉骨骼损伤疾患，如局部肌肉疲劳和全身疲劳、反复紧张性损伤和腰背痛等。

3.2.10 一氧化碳

1. 主要性质

在标准状况下，一氧化碳纯品为无色、无臭、无刺激性的气体。相对分子质量为28.01，密度为1.25 g/L，冰点为 -205.1 ℃，沸点为 -191.5 ℃。一氧化碳在水中的溶解度很低，极难溶于水，与空气混合爆炸界限为12.5%～74.2%。

2. 产生条件

一氧化碳的产生条件如下：

（1）有机物腐烂。

（2）含硫矿物水解。

（3）矿物氧化和燃烧。

（4）从老空区和旧巷积水中放出。

3. 主要危害

血红素是人体血液中携带氧气和排出二氧化碳的细胞。一氧化碳与人体血液中血红素的亲合力比氧大 250～300 倍，一旦一氧化碳进入人体后，首先与血液中的血红素相结合，因而减少了血红素与氧结合的机会，使血红素失去输氧的功能，从而造成人体血液"窒息"。

一氧化碳是一种窒息性气体，随空气吸入人体后，通过肺泡进入血液循环，主要与血液中的血红蛋白结合，形成碳氧血红蛋白。急性一氧化碳中毒的严重程度与血液中碳氧血红蛋白含量有关。一氧化碳可导致职业性急性一氧化碳中毒。急性一氧化碳中毒分为 3 级：轻度中毒引起头疼、眩晕、耳鸣、眼和颞部搏动感，恶心、呕吐、四肢无力，吸入新鲜空气后，症状可以消失；中度中毒时出现多汗、烦躁、步态不稳、口唇呈樱桃红色，可出现意识模糊和昏迷，及时抢救可较慢苏醒；重度中毒是短时间内吸入极高浓度一氧化碳，组织严重缺氧，深度昏迷，高热，出现痉挛和病理反射，清醒后可发生再次昏迷，有的患者苏醒后意识正常，经一段假愈后可出现急性一氧化碳中毒神经系统后发症。

3.2.11 二氧化碳

1. 主要性质

二氧化碳常温下是一种无色、无味、不助燃、不可燃的气体，密度比空气大，略溶于水，与水反应生成碳酸。二氧化碳压缩后俗称为干冰。工业上二氧化碳可由碳酸钙在强热下分解制取，实验室一般采用石灰石（或大理石）和稀盐酸反应制取。二氧化碳比空气重（其比重为 1.52），在风速较小的巷道中底板附近二氧化碳浓度较大，在风速较大的巷道中二氧化碳一般能与空气均匀地混合。

2. 产生条件

二氧化碳的产生条件如下：

（1）煤和有机物氧化。

（2）人员呼吸，碳酸性岩石分解。

（3）炸药爆破，煤炭自燃。

（4）瓦斯、煤尘爆炸。

3. 主要危害

二氧化碳对人体的影响主要表现为急性中毒。吸入的空气中二氧化碳占 3% 时，血压升高，脉搏增快，听力减退，对体力劳动耐受力降低；吸入的空气中二氧化碳占 5%，30 min 时，呼吸中枢受刺激，轻微用力后感到头痛和呼吸困难；吸入的空气中二氧化碳占 7%～10% 时，数分钟即可使人意识丧失；更高浓度时则可导致窒息死亡。

3.2.12 二氧化氮

1. 主要性质

二氧化氮是一种褐红色的气体，有强烈的刺激气味，相对密度为 1.59，易溶于水。二氧化氮溶于水后生成腐蚀性很强的硝酸，对眼睛、呼吸道黏膜和肺部有强烈的刺激及腐蚀作用，二氧化氮中毒有潜伏期，中毒者指头出现黄色斑点。

2. 产生条件

二氧化氮的产生条件有井下爆破等作业。

3. 主要危害

一氧化氮易被氧化成二氧化氮，二氧化氮的毒性为一氧化氮的 4～5 倍。吸入高浓度氮氧化物主要引起呼吸系统的刺激症状，轻者有胸闷、咳嗽、咳痰，伴有轻度头痛、头晕、无力、心悸、恶心、发热等症状；较重者有呼吸困难，咳嗽加剧；严重者出现肺水肿、昏迷或窒息。长期接触低浓度（超过最高容许浓度）的氮氧化物，可引起支气管炎和肺气肿。

3.2.13　二氧化硫

1. 主要性质

二氧化硫无色，有强烈的硫黄气味及酸味，空气中浓度达到 0.0005% 即可嗅到。二氧化硫的相对密度为 2.22，易溶于水。

2. 产生条件

二氧化硫的产生条件如下：

（1）含硫矿物的氧化与自燃。

（2）在含硫矿物中爆破。

（3）从含硫矿层中涌出。

3. 主要危害

吸入高浓度二氧化硫可导致职业性急性二氧化硫中毒，主要表现为眼部及呼吸道的刺激症状，如流泪，鼻、咽喉部烧灼感及疼痛，较重者可有剧烈咳嗽、心悸、气短，严重者发生支气管炎、肺炎、肺水肿，甚至呼吸中枢麻痹。长期接触低浓度二氧化硫，可引起嗅觉、味觉减退甚至消失，头痛、乏力、牙齿酸蚀、慢性鼻炎、咽炎、支气管炎等；液态的二氧化硫污染皮肤或溅入眼内，可造成皮肤的灼伤和角膜上皮细胞坏死，形成白斑、疤痕。

3.2.14　硫化氢

1. 主要性质

硫化氢无色、微甜、有浓烈的臭鸡蛋味，当空气中浓度达到 0.0001% 即可嗅到，但当浓度较高时，因嗅觉神经中毒麻痹，反而嗅不到。硫化氢相对密度为 1.19，易溶于水，在常温、常压下一个体积的水可溶解 2.5 个体积的硫化氢，所以它可能积存于旧巷的积水中。硫化氢能燃烧，空气中硫化氢浓度为 4.3%～45.5% 时有爆炸危险。

2. 产生条件

硫化氢的产生条件如下：

（1）有机物腐烂。

（2）含硫矿物水解。

（3）矿物氧化和燃烧。

（4）从老空区和旧巷积水中放出。

3. 主要危害

硫化氢是窒息性气体，职业性急性硫化氢中毒主要引起以下损害：中枢神经系统损害，轻者引起头疼、头晕、恶心、呕吐、四肢无力，高浓度吸入患者立即昏迷，甚至在数秒钟死亡；上呼吸道黏膜刺激，引起眼和上呼吸道刺激症状，出现流泪、咳嗽、胸闷、气短等，严重者发生支气管痉挛、支气管炎、肺炎、肺水肿；心脏损害等。长期接触低浓度硫化氢可引起头痛、头晕、记忆力减退、乏力等症状。

4 煤矿井下职业病

煤炭在我国能源消费结构中的比例达到 64%，远高于世界能源消费结构煤炭占比平均水平 30% 的比例。在未来较长的时期内，我国以煤为主的能源供给和消费的格局难以改变，随着煤炭产量增长方式的转变、煤炭用途的扩展，煤炭的战略地位也将更加重要。井工开采是我国煤炭开采的主要生产方式，井下自然条件复杂，劳动条件较恶劣，近几年，百万吨死亡率虽呈现下降趋势，但安全形势仍然不容乐观。与此同时，我国煤矿井下环境及职业病状况也不容乐观。

煤炭开采过程中存在大量的职业病危害因素，其中包括粉尘、化学有害因素及物理因素，尤其是粉尘，煤矿工人长期吸入含有大量游离二氧化硅的岩尘、煤尘或混合尘，可导致矽肺、煤肺和煤矽肺。目前我国工业企业中尘肺病发病人数居世界首位，我国尘肺病诊断病例已经超过 60 万人，存活的有 47 万人左右，我国 30 多个行业近 2 亿劳动者不同程度地遭受职业病危害。

2014 年，我国共报告职业性尘肺病新病例 26873 例，较 2013 年增加 3721 例。其中，94.21% 的病例为煤工尘肺和矽肺，分别为 13846 例和 11471 例。尘肺病报告病例数占 2014 年职业病报告总例数的 89.66%。由于这些劳动职业在职业健康方面的检查率偏低，再加上尘肺病具备迟发性和隐匿性的特点，我国的调查数据实际上远远低于已经报告出的数据。

煤矿井下采掘作业是煤炭开采的重要环节，掘进工作面是矿井事故多发地点，掘进工作面是由人、机和环境组成的一种复合系统。掘进工作面环境恶劣、多变，工作空间狭窄，大部分的掘进头温度高，湿度大，矿尘和噪声污染严重，照度往往不够、视觉环境差。据有关资料统计，我国现开采的煤田中，地质条件普遍较为复杂，所开采的矿井均存在不同程度的瓦斯涌出，再加上其他各种多变的自然因素，往往伴生有各种灾害。

职业病危害的产生，往往是由于建设单位缺乏职业病防治意识，在项目的设计和施工阶段忽视职业卫生防护要求，没有配备应有的职业病危害防护设施，如通风、除尘、排毒等设施，从而导致项目建成后，存在严重的先天设计性职业病危害隐患。消除这些职业病危害隐患需要付出巨大的代价，有些甚至导致严重的资金浪费和职业病危害后果。因此，在项目的建设阶段做好职业病危害预防工作，是职业病防治工作最有效、最经济的措施，是职业病防治工作的首要环节。

在项目建设阶段，预防、控制可能产生的职业病危害不仅能够从源头上控制职业病的发生，还能产生显著的经济效益，而职业病危害评价工作正是达到这种目的的最有效手段。建设项目的职业病危害评价包括职业病危害预评价和职业病危害控制效果评价。《职业病防治法》规定：新建、扩建、改建建设项目和技术改造、技术引进项目可能产生职业病危害的，建设单位在可行性论证阶段应当向卫生行政部门提交职业病危害预评价报告。建设项目在竣工验收前，建设单位应当进行职业病危害控制效果评价。建设项目竣工验收时，其职业病防护设施经卫生行政部门验收合格后，方可投入正式生产和使用。

4.1 职业病概述

职业病是指企业、事业单位和个体经济组织的劳动者在职业活动中，因接触粉尘、放射性物质和其他有毒有害物质等因素而引起的疾病。各国法律都有对职业病预防方面的规定，一般来说，凡是符合法律规定的疾病才能称为职业病。

4.1.1 职业的特征

职业是参与社会分工，利用专门的知识和技能，为社会创造物质财富和精神财富，获取合理报酬，作为物质生活来源，并满足精神需求的工作。社会分工是职业分类的依据。在分工体系的每一个环节上，劳动对象、劳动工具以及劳动的支出形式都各有特殊性，这种特殊性决定了各种职业之间的区别。

1. 职业的社会属性

职业是人类在劳动过程中的分工现象，它体现的是劳动力与劳动资料之间的结合关系，其实也体现出劳动者之间的关系，劳动产品的交换体现的是不同职业之间的劳动交换关系。这种劳动过程中结成的人与人的关系无疑是社会性的，他们之间的劳动交换反映的是不同职业之间的等价关系，这反映了职业活动职业劳动成果的社会属性。

2. 职业的规范性

职业的规范性应该包含两层含义：一是指职业内部的规范操作要求性，二是指职业道德的规范性。不同的职业在其劳动过程中都有一定的操作规范性，这是保证职业活动的专业性要求。当不同职业在对外展现其服务时，还存在一个伦理范畴的规范性，即职业道德。这两种规范性构成了职业规范的内涵与外延。

3. 职业的功利性

职业的功利性也叫职业的经济性，是指职业作为人们赖以谋生的劳动过程中所具有的逐利性一面。职业活动既满足职业者自己的需要，同时，也满足社会的需要，只有把职业的个人功利性与社会功利性相结合起来，职业活动及其职业生涯才具有生命力和意义。

4. 职业的技术性和时代性

职业的技术性指不同的职业具有不同的技术要求，每一种职业往往都表现出一定相应的技术要求。职业的时代性指职业由于科学技术的变化，人们生活方式、习惯等因素的变化导致职业打上那个时代的"烙印"。

4.1.2 我国职业性危害的现状

当前，我国职业病的现状不容乐观，据统计，平均每 800 人中就有 1 人因工致残或患职业病。2011—2015 年，我国年新增职业病人数翻了一番，其规模和增长速度都十分惊人。这是职业健康监护人群中统计的，而实际病例数要远远高于公开数字。职业中毒人数和职业性肿瘤人数以相对缓慢的速度上升，稳中微变。铅及其化合物、苯、砷是引起慢性中毒的主要因素。可以预测，今后，除突发性的伤害事故外，我国将步入慢性职业病的高发期。

我国职业病的显著特征之一是风险领域的分散性和风险因素的行业集中性并存。据统计，全国涉及有毒有害品企业超过 1600 万家，职业病危害涉及的人数超过 2 亿人。对职业病的防治涉及 30 多个行业，其中煤炭和有色金属行业是我国职业病的集中发生区。在全国报告的各类职业病中，尘肺病占到 80%，其他急慢性中毒约占 20%，并且发病企业分布不均，区域分布由东部向中西部扩散。我国职业病危害正在由城市工业区向农村转移，由东部地区向中西部转移，由大中型企业向中小型企业转移，职业病危害分布越来越广。

根据有关部门的粗略估算：我国每年因职业病工伤事故造成的直接经济损失约达 1000 亿元，间接经济损失约达 2000 亿元。

在职业病防治工作中，还存在以下几点不足。

1. 职业危害防治投入不足

在市场经济体制下，企业成为市场竞争的主体，效益和发展成为企业最优先考虑的问题。因此，部分煤炭企业为了追求利益最大化，千方百计降低成本。加之有的企业生产经营比较困难，致使职业危害防治等方面的投入严重不足，一些职业危害防治设施如防尘措施、防治噪声措施、有毒有害气体控制措施、放射性防护等投入不足。

2. 职业危害监测、评价工作不合规定

部分煤炭企业只开展了井下瓦斯、煤尘（粉尘）、一氧化碳的监测，而对粉尘分散度、粉尘含二氧化硅、硫化氢、氮氧化物、砷化氢、苯、氨、汞、放射性、噪声等危害因素未予监测，并且不能保证监测频率。目前，煤矿在建设项目可行性研究阶段，均能进行建设项目的安全预测评价，而对于职业危害因素预测评价，却均未展开或刚刚起步。

3. 从业者素质相对其他行业普遍较低

煤炭企业从业者的文化素质普遍较低，另外，有的煤炭企业接受岗前培训、岗上定期职业卫生安全培训教育不够，职业卫生常识、职业病危害因素及防治知识不足，加上社会上功利思想对职业队伍的消极影响，使健康管理工作难度加大。

4.1.3 职业病的特点

职业病涉及面很广，病因比较复杂，疾病临床表现形式多样，但具有以下共同特点：

（1）职业病病因明确。职业性有害因素是疾病的病因，不接触这种有害因素不会发病，控制了这种有害因素或限制其作用强度，就可有效地预防或控制这种职业病的发生。

（2）有明确的剂量 – 效应（或反应）关系。职业病病因大多都可定量地加以检验，绝大多数情况下，有害因素的接触水平、接触时间和发病率或病损严重程度之间，能找到明确的联系。

（3）同一种职业病多数病例发病。接触同一种职业性有害因素的人群中常有同一种职业病多数病例发病。即不同时间、不同地点、不同的人群，如果接触同一种有害因素，常出现同一种职业病流行。同一地点工作人群中，不接触这种有害因素者都不会有该职业病发病。

（4）及早治疗，预后良好。绝大多数情况下，如果早期发现，及时处理，可预后良好。随着工农业生产的发展和科学技术水平的提高，生产性环境条件和劳动操作过程都在迅速地发生变化，因而职业病也随之不断发生改变。近年来重症职业病已明显减少，而轻症职业病成为主要形式，因而早期检出临床前期的变化具有重要意义。新技术和新化学物的广泛应用，也会出现一些过去不熟悉的新的职业性损害，有待进一步研究。

4.1.4 职业病的治疗方法

职业病的治疗方法很多，目前普遍被接受的方法如下：

（1）病因治疗。职业病的病因对治疗很重要，治疗的目的首先就是去除职业病的病因，尤其是急性职业病的现场救治。如尽早脱离职业有害因素的接触，防止毒物再吸收及各种特效解毒剂的应用。

（2）对症治疗。职业病的治疗中，特效疗法种类不多，即使有些化学中毒有特效解毒剂，也为数不多，因而对症治疗是职业病的主要疗法。其目的是维持生命、控制病情、促进受损害的器官恢复正常功能，保护重要器官、减轻各种症状等。

（3）支持疗法。支持疗法是提高患者的抗病能力，促使早日恢复健康，如保证适当的营养，加强护理和某些卫生措施等。

这3类治疗不能机械分割，应当相辅相成。职业病患者经治疗以后应作劳动能力鉴定，提出工作安排意见，重度患者一般应调换工作岗位，不再接触毒害，并按规定及时上报有关领导部门。

4.2 常见的煤矿井下职业病

随着国家经济社会的发展和人们生活水平的提高，安全和健康已成为劳动者的殷切期盼。职业安全健康工作直接关系到广大劳动者的身体健康和生命安全，关系到社会的和谐与稳定。煤矿工人的健康问题及其职业病的防治近年来在全社会范围内一直备受关注，了解并研究煤矿井下职业病对煤炭行业的职业病危害进行控制，在保护劳动者身体健康、促进持续稳定发展等方面起着重要的作用。

我国在2015年发布《职业病危害因素分类目录》（以下简称《目录》），其载明的危害因素包括13种粉尘类因素、12种放射性物质类（电离辐射）因素、56种化学因素、4种物理因素、3种生物因素、8种皮肤病危害因素、3种眼病危害因素、3种耳鼻喉口腔危害因素、8种职业性肿瘤因素，还有5种其他因素。

值得说明的是，上述危害因素导致的疾病是综合性的，每一种危害因素都不是孤立存在的，在同一个工作面也许存在多种危害因素，同一个工种也许会面临多种危害因素的影响。就某一种疾病来说，也许是一种或多种危害因素导致的。但尽管如此，在各种危害因素下形成的疾病仍然有章可循，各自具有规律性。本节重点介绍煤矿井下工人常见的一些疾病。

4.2.1 尘肺病

我国的尘肺病从行业分布来看，根据历年全国职业病发病情况报告，尘肺病发病主要集中在煤炭、有色金属、建材、建筑、冶金、机械、铁路建设等行业，其他行业如钢铁、炼油、化工、纺织、陶瓷、宝石加工等也是尘肺病易发行业。从尘肺病地区分布来看，可以说遍布全国各个省份，主要集中于湖南、四川、贵州、云南、陕西、山西、河南、湖北、江西、广东、广西、甘肃、安徽等省，45.2%的病例分布于辽宁、湖南、四川、山西、黑龙江、吉林等6省。

从尘肺病种类分布来看，矽肺和煤工尘肺占主要比例。根据统计2005—2014年全国职业病发病情况，12 种尘肺病中，矽肺和煤工尘肺的比重平均达到 90% 以上，2011 年之后更是高达 95%。

根据国家卫生和计划生育委员会 2015 年 12 月 3 日发布的《2014 年全国职业病报告情况》，2014 年全国共报告职业病新发病例 29972 例，其中尘肺病 26873 例，占当年职业病报告总例数的 89.66%。从 2010 年起，尘肺病以每年 2 万多例的速度递增。湖南是全国尘肺病最为严重的省份，根据中国疾病预防控制中心的数据，到 2011 年湖南累计报告的尘肺病例有 62420 例，占职业病总数的 84.07%，占全国尘肺病总数的 1/10。

1. 我国尘肺病发展的几个历史阶段

尘肺病的发生与社会生产力的水平密切相关，和经济发展的程度有紧密的联系。我国是个发展中国家，随着共和国的建立和发展，经历了新中国成立初期的经济恢复阶段、20 世纪 60—80 年代的计划经济发展阶段和改革开放后转向市场经济的经济快速发展阶段。我国尘肺病的发展趋势也随之呈现出 3 个阶段。

1）新中国成立初期尘肺病高发阶段

新中国成立后，我国国民经济开始恢复，广大劳动者生产积极性高涨，但因生产水平较低，缺乏劳动安全卫生知识，对许多严重危害劳动者健康的职业危害如生产性粉尘、化学毒物、放射性因素和其他有害因素缺少有效的防护，致使大量职业病患者出现。随着矿山开采业和机械制造业的发展，干式作业和机械化生产使作业场所粉尘浓度急剧升高，尘肺发病严重。

2）计划经济时期有效控制阶段

20 世纪 60 年代起，我国职业卫生逐渐发展，先后建立了 204 个劳动卫生与职业病专业机构，从省（自治区）、市、地区以至 1789 个县卫生防疫站都开展了劳动卫生工作，形成了全国职业病防治网络。我国还建立了 17 个劳动卫生与职业病专业硕士点，8 个博士点。全国从事职业病防治工作的专业人员增至 3 万人，比新中国成立初期有了明显的壮大和提高。

卫生部自 1981 年设立了卫生标准委员会，研制并颁布劳动卫生标准及职业病诊断标准，发布和修订了职业病名单。数十年来，我国政府坚持对这些"法定职业病"实行预防为主和防治结合的方针，对保障生产第一线职工的健康和保证我国经济建设的可持续性发展做出了卓越的贡献。尤其是国有企业中的常见职业病获得了有效控制，如每年报告的新发尘肺病人数已由 1985 年的 39866 人降至 2000 年的 9100 人，矽肺和煤工尘肺患者平均发病工龄分别由 1955—1959 年的 9.45 年和 16.24 年延长到 1986 年的 26.25 年和 24.72 年，其他职业病的新发病人数也呈下降趋势。

3）转轨时期尘肺病人数再度上升阶段

随着我国深化改革和对外开放、计划经济向市场经济转变、国有企业进行结构改革和多种经济形式出现，乡镇企业迅速崛起，涉外企业也迅速发展。但值得注意的是，经济开放和经济发展的不平衡以及缺乏法制管理，导致职业危害从境外向境内、从城市向农村、从经济发达地区向经济欠发达地区转移。新兴产业带来各种新的职业危害，大批从农村涌入城镇的流动劳动力人口，使乡镇企业和涉外企业中接触有害作业的人员增多。在一些小型民营企业中，重大恶性尘肺病事故时有发生，造成死亡或致残。乡镇厂矿和小型民营企业的粉尘危害问题严重，防尘措施不力，致尘肺患病人数呈上升趋势。

2. 尘肺病的病理

尘肺病是长期吸入大量二氧化硅与其他粉尘所致，这些粉尘大部分被排出，但仍有一部分长期滞留在细支气管与肺泡内，不断被肺泡巨噬细胞吞噬，这些粉尘及吞尘的巨噬细胞是主要的致病因素。一系列的研究表明，尘肺病变形成后，肺内残留在粉尘还继续与肺泡巨噬细胞起作用，这是尘肺病人虽然脱离了粉尘作业，但病变仍继续发展的主要原因。煤矿工人常年在含有煤尘、岩尘的环境中作业，吸入粉尘的量大大高于正常人群，久而久之，微粒粉尘在肺部沉积，造成肺的纤维化，这是导致煤矿工人患矽肺病的原因。

煤矿矽肺也称煤工尘肺，煤工尘肺又分矽肺、煤矽肺、煤肺3种。矽肺多发生在掘进工身上，既掘进又采煤的易得煤矽肺。煤肺则多发生在采煤人群中。

矽肺通过 X 光片可以检查出来。地质条件不同，矽的含量也不一样，另外人的体质不同，患病的程度也不同。

尘肺病患者由于出现进行性胸闷、气短、胸痛、心悸、频繁咳嗽、机体抵抗力下降，易发生呼吸道感染及肺部感染而加重尘肺病，最后完全丧失劳动能力及活动能力，引起肺心病、呼吸衰竭而危及生命。尘肺患者一旦确诊，其劳动力可能不同程度地丧失。尘肺常因并发严重肺结核、自发性气胸和呼吸衰竭而致死。

3. 尘肺病的症状

（1）咳嗽。早期尘肺病人咳嗽多不明显，但随着病程的进展，病人多合并慢性支气管炎，晚期病人多合并肺部感染，均可使咳嗽明显加重。咳嗽与季节、气候等有关。

（2）咳痰。咳痰主要是呼吸系统对粉尘的不断清除所引起的。一般咳痰量不多，多为灰色稀薄痰。如合并肺内感染及慢性支气管炎，痰量则明显增多，痰呈黄色黏稠状或块状，常不易咳出。

（3）胸痛。尘肺病人常常感觉胸痛，胸痛和尘肺临床表现多无相关或平行关系。胸痛部位不一，且常有变化，多为局限性。胸痛一般为隐痛，也有胀痛、针刺样痛等。

（4）呼吸困难。随着肺组织纤维化程度的加重，有效呼吸面积减少，通气/血流比例失调，呼吸困难也逐渐加重。合并症的发生可明显加重呼吸困难的程度和发展速度。

（5）咯血。咯血较为少见，可由于呼吸道长期慢性炎症引起黏膜血管损伤，痰中带少量血丝；也可能由于大块纤维化病灶的溶解破裂损及血管而使血量增多。

（6）全身损害。全身损害情况不明显，除非合并肺结核或有充血性心力衰竭，休息时有气急者应怀疑伴有严重肺气肿或肺外疾病的可能。除呼吸道症状外，晚期尘肺患者常有食欲减退，体力衰弱，体重下降，盗汗等症状。

4. 尘肺病的治疗措施

尘肺为进行性肺疾病，即使停止接触粉尘病变仍可进展，多年来国内外为防治尘肺做了大量研究工作，迄今，对尘肺尚缺乏可靠而有效的疗法。目前尚无能使尘肺病变完全逆转的药物，药物的治疗主要是早期阻止或抑制尘肺的进展。尽管尘肺目前尚无治愈的方法，但是还要积极预防并发症和对症治疗，以延缓病情进展，减轻病人痛苦，延长寿命。一般采用肺灌洗治疗尘肺。

肺灌洗治疗俗称"洗肺"，是目前治疗尘肺的有效手段，给无数尘肺病人带来了生的希望。肺灌洗治疗可以清除肺内的粉尘颗粒和炎性因子，灌洗的同时可以注射抗生素，这样可以达到改善通气、抗炎的作用，可以延缓肺纤维化的时间，改善病人症状。但由于肺灌洗治疗是有创的治疗，因此患肺大泡、严重肺功能损伤、高血压、冠心病等疾病的患者不宜作肺灌洗。

大容量肺灌洗的基本方法是：病人在静脉复合全身麻醉下，用双腔支气管导管置于病人气管与支气管内，一侧肺纯氧通气，另一侧肺用灌洗液反复灌洗。一般每次 1000 ~ 2000 mL，共灌洗 10 ~ 14 次，每侧肺需 15 ~ 20 L 不等，历时约 1 h，直到灌洗回收液由黑色混浊变为无色澄清为止。

5. 矿工肺心病

煤工尘肺系煤矿工人长期吸入生产环境中粉尘所引起的肺部病变的总称，是因长期吸入生产性粉尘并在肺内储留而引起的以肺组织弥漫性纤维化为主的全身性疾病，可出现不同程度的肺功能损害，其损害程度随着病期进展呈现进行性加重趋势。因肺组织纤维化最终导致肺小动脉狭窄、闭锁、坏死，形成肺动脉高压，使右室排血阻力增加，右室肥厚，最后导致肺心病形成，从而影响心血管系统。煤工尘肺晚期常并发肺心病，肺心病是尘肺病程改变的终极表现，是造成尘肺病患者死亡的常见原因之一。

1）尘肺肺心病的病因特点

（1）尘肺病病变所致。尘肺病引起矽结节和肺间质广泛纤维化后，患者肺组织结构发生了改变。一方面，呼吸道防御能力遭到极大的破坏，体内防御系统遭到破坏后，机体免疫功能降低，各种感染发病率明显增高；另一方面，这些变化造成支气管引流不畅，使呼吸道感染发生率明显增高。这两方面的原因，加剧了肺组织和肺血管结构的改变，加剧了缺氧的发生，随着病情的进展和并发症的形成，晚期在通气功能障碍的基础上发生了换气功能障碍。尘肺患者肺气肿形成以后，肺泡内压力越来越高，肺泡内压力的增高对肺泡壁毛细血管有压迫作用，加重了肺循环的阻力，而且这种影响是无法逆转的，这种来自血管外的压力对最后造成肺血管阻力增加，肺动脉高压形成。同时因为神经 – 体液的因素、缺氧的因素、二氧化碳分压增高的因素等使肺血管收缩，也是导致肺动脉高压的主要原因。

（2）尘肺病合并慢性支气管炎所致。存在慢性支气管炎引起肺血管阻力增加的功能性因素，如缺氧、高碳酸血症、呼吸性酸中毒等可以使肺血管收缩、痉挛。慢性缺氧可以使继发性红细胞增多，血液黏稠度和醛固酮增加，水钠潴留，肾血流减少等，使肺动脉压力升高。

2）尘肺肺心病病理和发病机制

肺脏和肺血管结构的改变：粉尘的长期刺激，经过巨噬细胞性肺泡炎、尘细胞性肉芽肿、尘性纤维化等基本病理改变后，使呼吸道黏膜遭到损伤，支气管管腔扭曲、变形、狭窄或痉挛，煤工尘肺病变越重，这些改变越严重。

小气道的改变：在大气道发生病变的同时，细支气管也发生尘性或炎性病变，使细支气管管壁增厚，管腔狭窄，造成肺组织限制性通气功能障碍。

肺小血管的改变：粉尘在肺组织内储留，通过巨噬细胞性肺泡炎、尘细胞性肉芽肿、尘性纤维化等病理改变后，肺内血管可见血栓形成尘性纤维化区毛细血管床明显减少。这些病变都使肺循环阻力明显增加，奠定了肺动脉高压的病理基础。

　　3）尘肺肺心病的诊断

　　肺心病发病缓慢，一般需 6～10 年，由于肺组织或肺部血管慢性病变，导致肺循环阻力增加是形成肺动脉高压的重要原因。近年来认为在肺动脉高压的发生上，缺氧引起的肺小动脉痉挛较肺血管床的器质性破坏、减少更为重要。彩色多普勒超声心动图可见肺动脉高压血流频谱发生改变，即血流峰值前移，血流加速度增快，加速时间缩短。肺心病常伴有肺动脉瓣及三尖瓣的反流。超声心动图早期诊断肺心病有较高的敏感性，对肺心病的诊断有较肯定的实用价值。超声心动图不仅能测量心室腔大小，同时可测定室壁厚度，因此能较敏感地测出早期右室及右室流出道增大增宽的情况。对心室腔的测定不受肺气肿、心脏转位、束支传导阻滞、预激综合征等诸多因素的影响，特别是在肺动脉高压时往往可引起右室流出道的增宽，因此对早期肺心病的诊断是有利的。

4.2.2　气体中毒病

　　有毒气体中毒主要包括刺激性气体（如光气、氯气等）和窒息性气体（如一氧化碳等）中毒，中毒后病情危重，进展快，临床以急性肺损伤、急性呼吸窘迫综合征和急性脑组织缺氧性病变为主要表现；刺激性气体中毒患者主要表现为呛咳、流涕、咽痛、呼吸困难、胸闷。窒息性气体中毒患者主要表现为头晕、头痛、乏力、意识改变等中枢神经系统缺氧症状，呼吸道症状和体征不明显。

　　有毒气体是指在足够时间内吸入足够浓度会使人致残、致死的气体。根据它们对身体的作用机理分为窒息性气体、刺激性气体和毒性气体 3 类。窒息性气体包括一氧化碳、瓦斯、硫化氢、二氧化碳等气体。

　　这些化合物进入机体后导致的组织细胞缺氧各不相同。一氧化碳进入体内后主要与红细胞的血红蛋白结合，形成碳氧血红蛋白，致使红细胞失去携氧能力，从而使组织细胞得不到足够的氧气。瓦斯本身对机体无明显的毒害，其造成的组织细胞缺氧，实际是由于吸入气体中氧浓度降低所致的缺氧性窒息。硫化氢进入机体后的作用是多方面的，硫化氢与氧化型细胞色素氧化酶中的三价铁结合，抑制细胞呼吸酶的活性，导致组织细胞缺氧，硫化氢可与谷胱甘肽的巯基结合，使谷胱甘肽失活，加重了组织细胞的缺氧。

　　吸入窒息性气体出现的症状，首先是呼吸加速，急需空气，精神反应性衰减，肌肉协调变差。随后，判断能力出现故障，所有感觉丧失运功失稳，迅速出现疲劳。时间长还会出现恶心、呕吐、虚脱（即躺倒在地）、失去知觉，最后痉挛，深度昏迷和死亡。

　　一氧化氮、二氧化氮、硫化氢、二氧化硫、乙醛是井下最常见的刺激性气体。刺激性气体对机体作用的特点是对皮肤、黏膜有强烈的刺激作用，其中一些还具有强烈的腐蚀作用。刺激性气体对机体的损伤程度与其在水中的溶解度与损害部位有关。煤矿井下常见有毒有害气体有瓦斯、一氧化碳、二氧化碳、硫化氢、二氧化氮、二氧化硫等。

　　表 4-1 列出了井下有害气体对人产生的损害。

　　炸药爆破的有毒气体是影响爆破安全的主要因素之一。炸药爆炸的产物以气体为主，主要有二氧化碳、一氧化碳、一氧化氮、二氧化氮、氮气、二氧化硫、硫化氢等，习惯称为炮烟。炮烟中毒事故属于矿山事故类型之一。炮烟中的有毒气体是导致井下作业人员中毒的根源之一。炮烟中的有毒有害气体主要包括一氧化碳、氮氧化物、硫化氢等。一氧化碳进入肺部经肺泡溶解在人体血液中，与血红蛋白结合形成碳氧血红蛋白，造成人体组织缺氧窒息。二氧化氮进入肺泡后，缓慢地与肺泡内的饱和水汽作用，生产硝酸和亚硝酸，对支气管和肺泡组织产生强烈的刺激和腐蚀作用，导致肺水肿，严重的会导致死亡。二氧化氮的毒性比一氧化碳的毒性大 6.5 倍。硫化氢是一种造成急性中毒的气体，吸入少量高浓度硫化氢可于短时间内致命。

表 4 – 1　井下有害气体对人产生的损害

有害气体	主要损害	其他损害
氢氧化物	肺脏	皮肤、黏膜、血液
氟化氢	皮肤、黏膜、剧毒	肺脏
二氧化硫	皮肤、黏膜	肺脏
硫化氢	窒息	黏膜
一氧化碳	窒息、剧毒	血液
氯化氢	皮肤、黏膜	肺脏

4.2.3　类风湿性关节炎

关节炎泛指发生在人体关节及其周围组织的炎性疾病，可分为数十种。我国的关节炎患者有 1 亿人以上，且人数在不断增加。临床表现为关节的红、肿、热、痛、功能障碍及关节畸形，严重者导致关节残疾，影响患者生活质量。关节炎是一种常见的慢性疾病，最常见的是骨关节炎和类风湿性关节炎两种。

宁夏煤炭总医院呼巧玲、张建华曾经就煤矿工人类风湿性关节炎的患病情况进行过研究，他们选择井下煤矿工人 255 名为矿工组，对照组为非井下工作者 252 名，并根据 1987年美国风湿病院（ACR）提出的类风湿性关节炎的修订标准，比较两组对象的类风湿性关节炎患病情况。结果，矿工组患病率 6.7%，对照组患病率 0.8%，两组差异有统计学意义。矿工组对象有临床表现的人数、白细胞计数、血沉、C－反应蛋白、类风湿因子含量均高于对照组，两组差异有统计学意义。说明井下矿工类风湿性关节炎的患病率高于一般人群，对井下矿工应定期检查，做好预防。他们的研究结论认为，"因矿工长期井下作业，长期处于半蹲或蹲位，环境寒冷、阴暗、潮湿，劳动强度大，班中餐简单、营养摄入不足等特殊条件，具有诱发类风湿性关节炎的因素"。

4.2.4　骨关节炎

骨关节病在我国发病率较高，尤其是矿工常见病多发病之一，多累及负重关节，发生于脊柱者以腰背疼痛为主要临床表现，严重地威胁着矿工的身体健康以及工作和生活。

张建萍、鲁世金曾经针对煤矿工人骨关节病发病诱因进行过专项研究，他们以萍乡市属新岭煤矿为案例进行了调查研究，重点对煤矿工人的腰背疼痛及相关因素进行了调查分析。调查结果显示，新岭煤矿井上工人与井下工人进行比较，井下工人腰背疼痛发病率明显高于井上工人，差异具有显著性。井下不同工种不同年龄段腰背痛发生情况比较，采煤工与掘进工发生率明显高于辅助工，差异具有显著性。他们的研究结论认为，煤矿井下工人腰背痛相关因素中，年龄、井下工龄、外伤史、潮湿、进风道的进风量、寒冷、吸烟、饮酒、噪声、振动等都是诱发腰背痛的危险因素。其中，潮湿、进风道风量和外伤史是主要危险因素，而工作服装的保暖和防潮性能是煤矿工人腰背痛发生的保护因素。在不同工种中，各影响因素相关程度不同，潮湿对回采工和掘进工是最主要的危险因素，进风道通风量是回采工腰背痛的第二危险因素。

4.2.5 噪声聋

噪声是指嘈杂、对人体有害、使人感到不舒服的声音。噪声污染已被国际上公认为新的致人死亡的慢性毒药。煤矿工人长期工作在高噪声环境下而又没有采取有效措施，可导致许多危害。一是听觉系统危害，如严重的职业性耳聋；二是神经系统危害，长期在噪声下工作会出现神经衰弱综合征，具体表现为常感到疲劳、易发怒；三是心血管系统危害，表现为心律不齐，植物神经紊乱，有时伴有血压升高；四是消化系统危害，有时会导致胃肠功能紊乱；五是心理疾病危害，特别强烈的噪声还可导致精神失常、休克甚至危及生命。噪声聋是煤矿井下工人比较典型的耳病。

原煤炭工业部职业医学研究所的邢娟娟曾经就煤矿工人职业性噪声聋进行过深入研究，她对5个煤矿的噪声危害情况行了劳动卫生学调查，又对1502名接触噪声矿工作了健康检查，并作了流行病学分析。观察组听力损害的总检出率为48.2%，是对照组的31.30倍，经年龄标化后其相对危险度为16.06。分析数据显示，长期接噪导致严重听力损害，接噪工人发生噪声聋的相对危险性是对照人群的16倍；工龄和工种对噪声聋的影响最大，对接噪工人听力损害的预测分析显示，高频听力损失最早并逐渐出现语频异常，接噪10年开始进入听力损害的高危流行期，应加强保护。

徐州医学院第二附属医院胡佩瑾、刘毳、孟辉曾经就煤矿井下工人噪声性听力损伤与噪声聋作过调查。他们首先对煤矿井下采掘现场进行噪声测定，然后对252名井下工人（其中掘进工人159名，采煤工人93名）进行纯音听力测听，将测听结果进行统计学分析。结果显示，252名工人中近90%的人有不同程度的听力损伤，以高频听力损伤为著，平均听力曲线为缓降型；工龄愈长，听力损伤愈显著；掘进工人听力损伤与采煤工人听力损伤有高度显著性差异。最后得出结论，认为煤矿井下生产性噪声能使大多数工人有不同程度的听力损伤，噪声聋与噪声级及噪声暴露时间长短有关。

四川师范大学刘照鹏曾经就煤矿综采工作面噪声进行过分析，他针对综采工作面目前存在的噪声问题，以某煤矿为研究对象，运用环境科学、人机工程学观点和模糊数学理论对综采工作面噪声进行分析与评价，并提出改善综采工作面噪声的方法和措施，从而提高工作效率。他认为，"通过以上数据的分析，综采工作面环境噪声程度非常严重，工人感到很烦恼，直接影响工人的身心健康，事故时有发生，必须采取切实可行的有效措施对其进行控制和改善，以提高综采工作面系统的效率。"分析得出结论，认为噪声既危害于人体，又影响工作效率。目前，由于技术、经济等条件的限制，舒适的作业环境难以保证，在这种情况下，作业环境应以不危害工人的健康、不使工人受到伤害为前提。综采工作面作业者使用个人防护用具，是减少噪声对作业者产生不良影响的最有效办法，应引起各方面重视。

雷柏伟、吴兵、程根银、苏赟、董梁几位老师，曾经以开滦集团东欢坨煤矿和荆各庄煤矿为样本，就煤矿井下主要设备噪声源进行过测定分析和研究。他们通过制作噪声频谱图和噪声传播衰减趋势图、分析井下噪声的频谱特性和衰减变化，得出结论，认为煤矿井下噪声源如锚杆机、掘进机，除尘风机、局部通风机、风锤、水泵、液泵、采煤机等的噪声强度均超过了国家职业卫生标准，都大于 90 dB（A），而其中以锚杆机和风锤工作时的噪声最大，均超过 100 dB（A）。在测量中发现风锤的各种频率的声压级大而且其传播时衰减得很慢。

由此可知，井下工人长期在这种高强度噪声环境中工作，不仅身心健康受到了很大危害，而且严重影响生产安全。因此，应当采取相应的针对性措施为煤矿井下进行降噪处理。

职业噪声暴露是目前我国较严重的职业病危害因素之一，波及范围和接触人群广，其所导致的职业性听力损伤已成为继尘肺病之后的第二位职业病危害。

有效地预防噪声聋，必须要加强个人防护，平时应佩戴防护用品如耳塞、耳罩、防声帽等；缺乏防护材料而预知即将遇到爆震时最简单的防护方法是用棉花球塞于耳道内；在紧急情况下，可用两小手指分别塞入两侧外耳道口内，及时卧倒，背向爆炸源，采用张口呼吸可减轻受伤的程度。耳塞隔声效果一般可达 20～35 dB。耳罩隔声效果高于耳塞，可达 30～45 dB，但使用不便。棉球塞耳可隔声 10～15 dB。

4.2.6 眼病

1. 煤矿井下工人眼外伤分析

相关研究表明，煤矿工人的眼外伤是导致煤矿工人患眼病的主要因素之一，并且右眼患病概率相比于左眼患病概率略高，右眼多于左眼可能与劳动中的姿势有关。由于伤者均为右手优势，右眼则更接近工作面，故受伤机会相对较多。眼外伤以金属锐器、雷管为主要致伤物，其中雷管所致的爆炸伤最为严重，多发生双眼致伤。患病群体以采煤工人为多，因此，加强煤矿工人上岗前的培训非常重要。同时，煤矿各生产单位不仅要制定一系列规章制度，还要实行严格的奖惩办法，以杜绝违章作业，防止事故的发生。

眼外伤对视功能损害极大，严重者不但留下残疾，甚至丧失劳动能力。就诊及治疗是否及时关系到伤情的预后，而就诊时间与煤矿井下工作面到医院的路程及伤情的轻重有关。

2. 煤矿井下工人视网膜各部位的视觉敏感度研究

静态阈值视野是用光点做视标，检查视网膜各部位的视觉敏感度，各点静态阈值则代表着相应视网膜各点的视觉敏感度。山东兖州解放军 91 医院张利光、王盖、杨岳勇、汪泽、李世洋、王殿义曾就煤矿工人中央静态阈值视野变化问题进行过调查研究。他们为了研究长期从事坑道作业及矿井下工作人员中央静态阈值视野的变化情况，对某煤矿长期从事井下工作及长期在井下工作又返地面工作的人员进行了检查，并与同矿区地面工作人员进行了比较。他们认为煤矿井下工人由于工作环境的影响，各点静态阈值较地面工作人员明显降低，但是，井下工人返回地面一段时间后，其静态阈值与地面工作人员无明显差别，不过井下工人静态阈值恢复的时间尚没有研究结果。

3. 煤矿井下工人职业性眼病的调查

蔡怀诚、王宝薪、张伯彦等曾经在改革开放初期就东北地区煤矿井下工人的职业性眼病进行过调查研究。他们除对眼外伤进行调查外，还就煤矿井下工人职业性眼病的类别进行过调查分析。一是三硝基甲苯（三硝基甲苯是一种黄色炸药，爆炸后呈负氧平衡，产生有毒气体）对晶状体影响的调查。他们对接触三硝基甲苯的 1411 人进行了眼部及晶状体的检查，发现晶状体混浊，明显属于受三硝基甲苯损害的共 502 人，占 36.9%；晶状体有疑似改变的有 218 人，占 15.4%。两者合计为 52.3%。二是红外线对晶状体影响的调查。结论认为，调查组 41.4% 的眼睛有晶状体轻微改变，症状表现为皮质中央部有轻度的团块状或辐射状混浊，晶状体囊的后囊片状混浊或空泡形成。这些改变虽然比较轻微，但必须重视。他们还对煤矿井下工人的视力、眼球震颤、眼压等进行了初步调查，但没有发现明显严重的危害。

4.2.7 振动类疾病

所谓振动病，就是由于生产性振动对人体的危害而引起的疾病。振动病的发现已有 70 多年的历史，我国于 1957 年已将振动病列为法定职业病之一，但各国所使用的名称仍不统一。英国称为职业性雷诺氏性白指，苏联和东欧各国称为振动病，日本称为白蜡病或振动障碍，欧美则称为振动症候群或振动综合征等，我国称为振动病。

重庆医学院曾经针对当时中梁山煤矿井下使用风镐的 106 名掘进工人进行了调查，对煤矿工人使用振动工具的危害进行了卫生学研究。发现煤矿职工接触振动时均有不舒适感，少数新工人感觉难受。振动感觉一般波及手、腕关节、前臂、肘关节、上臂、肩关节，少数人有上身振动感觉。调查发现，接触振动工具的煤矿井下工人有手指发麻、手指发冷、头痛、头晕、失眠等一系列症状，虽然没有发现典型的雷诺氏现象，但振动工具对煤矿工人的健康损害是存在的。

高崧、李伟、张桂霞、温春秀、刘淑芬、詹晓平等就煤矿井下局部振动作业掘进工人健康进行了劳动卫生学调研。结果认为，局部振动作业对工人健康的影响，主要表现在中枢神经、植物神经、末梢循环、末梢感觉等方面，造成末梢循环、末梢感觉障碍，引起植物神经功能紊乱等。该调查自觉症状检出率按顺序依次为手麻＞耳鸣＞眩晕＞头痛＞颈痛＞腰痛，在振动病早期诊断中有特殊意义，应予注意。调查发现耳鸣者较多，表明井下凿岩工听神经已开始受损。

高崧等人的研究认为，煤矿井下局部振动作业的掘进工末梢循环、末梢感觉已发生明显障碍，健康已受到影响。他们在检查中发现，最大握力测试两组间差异不大，仅在维持振力测试一项，肌疲劳检出率明显增高，反映了接振工人存在有肌疲劳现象。另外，发现振动作业对煤矿井下凿岩工心血管系统是有影响的，应引起注意。

20 世纪 90 年代，袁瑄、宁广、李康、贾继峰、王军、张信英、宋彩华、徐海、周万金、樊庆权、陈国荣等就局部振动对煤矿工颈椎和肘关节影响进行过深入调查。他们的研究对象是某煤矿井下 75 名电钻作业工人。通过统计学的方法得出结论：接振组颈部痛和肘部痛的发生率均明显高于对照组；接振组的肘关节改变均以唇样增生为主，接振组均明显高于对照组；接振时间是主要影响因素，年龄视为混杂因素。研究认为，局部振动作用主要影响颈椎和肘关节，肩关节影响极小，颈椎增生与肘关节无关。同一振动强度对颈椎和肘关节的影响程度不同，劳动强度、静力作业成分等可能对其产生影响。

4.2.8 高温与高湿类疾病

根据环境温度与人体热平衡之间的关系，以及长期来的研究结果，通常把 35 ℃以上的生活环境和 32 ℃以上的生产环境视为高温环境，相对湿度在 60% 以上的环境称为高湿环境。

参考新版煤矿热环境标准，《煤矿安全规程》2016 版对工作面温度和风速作出规定，"当采掘工作面空气温度超过 26 ℃、机电设备硐室超过 30 ℃时，必须缩短超温地点工作人员的工作时间，并给予高温保健待遇。当采掘工作面的空气温度超过 30 ℃、机电设备硐室超过 34 ℃时，必须停止作业。"同时规定采掘工作面的最低允许风速为 0.25 m/s，最高允许风速为 4 m/s；井下适宜温度为 15～20 ℃，适宜的相对湿度为 50%～60%。

高温与高湿会导致心理和精神障碍，导致事故，导致疾病。另外，长期在矿井下高湿的环境中工作，还容易患上各种慢性疾病，如风湿病、皮肤病，严重的还会导致皮肤癌、心脏病及泌尿系统疾病。同时，恶劣的高温高湿工作条件还会诱发矿工精神方面的疾病，使人心绪不宁、暴躁易怒，严重影响矿工的身心健康。

温度是影响人体健康的主要环境因素，劳动卫生学的研究和大量的调查统计资料显示，工作环境温度在 28 ℃以上时，工人有时会出现低烧、头晕等症状，发病率开始明显上升；当工作环境温度达到 30 ℃时，工人容易中暑，严重时会发生死亡，人的生命受到威胁的工作温度界限为 37 ℃。

西安科技大学白煜坤曾经就高温环境对矿工生理及行为影响进行过实验研究，他们首先构建了高温环境，将温度分别设置为 20 ℃、30 ℃和 40 ℃，对 30 名被试人员进行了生理及行为测量。其中，生理测量指标包括呼吸阻抗、心电、皮电和皮温，行为测量指标包括反应能力、手指灵活性和双手协调性。通过实验，得出了高温环境下矿工生理参数的变化趋势，呼吸阻抗、心电、皮电和皮温 4 项参数随着温度的升高都有着明显的上升，且进入高温环境时的变化更为显著；得到了高温环境下矿工行为能力的变化情况，人员的反应能力、手指灵活性和双手协调性三项行为能力随着温度的升高都有着一定的减弱。该研究项目建立的高温环境对人员生理及行为影响模型图具有一定的实践指导意义。

国家安全生产监督管理总局职业安全卫生研究所的刘卫东，曾经以新汶矿业集团 136 名煤矿井下工人和京煤集团 164 名煤矿井下工人为调查对象进行研究。认为煤矿井下高温高湿对工人的生理、心理影响相当严重，因此除采取增加井下通风设备等工程技术措施外，也应采取相应的工效学措施，如合理安排井下工人的休息时间，缩短工人在井下工作的时间，建立合理的倒班制度，研制经济适用的高温防护用品和开发高温保健饮料等，通过上述措施保护煤矿工人的身心健康，保持煤炭企业的长久发展。

4.2.9 皮肤病

煤矿井下作业工人的工作环境、防护用品使用情况、长期缺少阳光照射、煤矿除（防）尘措施和煤矿职工卫生状况等对煤工皮肤有一定的影响，导致井下作业的采掘工的毛囊炎、痤疮、皮肤瘙痒症、胼胝等皮肤病患病率明显增高。

4.2.10 滑囊炎

滑囊炎是由于长期、持续、反复、集中和力量稍大的摩擦和压迫而引起的疾病。煤矿井下工人滑囊炎是指煤矿井下工人在特殊的劳动条件下致使滑囊急性外伤，或长期摩擦、受压等机械因素所引起的无菌性炎症改变。诊断原则根据煤矿井下工人滑囊有急性外伤和长期摩擦或压迫的职业史、典型的临床表现，结合现场劳动卫生学调查，综合分析，并排除其他类似表现的疾病，方可诊断。

急性滑囊炎患者受伤后滑囊内有急性炎症变化，一般经 1～2 周可以自愈，故以休息为主，但患处应防止继续受伤或受摩擦、压迫，尤应防止继发感染；亚急性滑囊炎患者在保守治疗无效时可行滑囊切除术。

滑囊炎多无明确原因而在关节或骨突出部逐渐出现一圆形或椭圆形包块，缓慢长大伴压痛，表浅者可扪及清楚边缘，有波动感，皮肤无炎症，部位深者边界不清，有时可误诊为实质性肿瘤。当受较大外力后，包块可较快增大，伴剧烈疼痛，皮肤有红热，但无水肿，包块穿刺，慢性期为清晰黏液，急性损伤时为血性黏液，偶尔因皮肤磨损而继发感染，则有化脓性炎症表现，需与结核性滑囊炎、类风湿性滑囊炎相鉴别。根据病史、症状、体征多可明确诊断。

滑囊炎的治疗应针对病因，结合临床表现，采取不同措施。急慢性损伤性滑囊炎，可穿刺抽液后往囊内注入醋酸强的松龙；因骨骼畸形引起的滑囊炎，应矫正畸形，加强劳动保护；少数慢性病人经非手术治疗无效而疼痛较重、囊壁肥厚、影响活动者，可行滑囊切除术；有继发感染者，应行外科切开引流。

5　煤矿井下安全健康危害因素防治

5.1　粉尘防治

煤矿粉尘是伴随采煤生产过程产生的矿岩微粒，煤尘在煤炭采掘中随处可见，几乎无所不在。它们一般呈相对稳定状态附着在物体表面和巷道周边及底板上，它们表面看来没有多大的危险性，一旦受外力作用达到其临界飞扬的条件，就会在巷道中形成一定浓度的煤尘云。煤矿井下为排除矿井内的有毒有害气体，以及为井下工作人员提供氧气，需要向井下供风，随着风量的变化就可能使井下的沉积粉尘飞扬从而使井下粉尘浓度过高。图 5-1 所示为煤矿粉尘的产生过程。

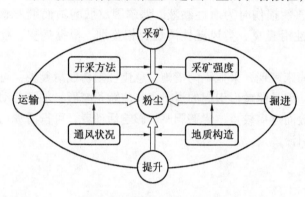

图 5-1　煤矿粉尘的产生过程

很多矿井都存在煤尘爆炸的危险和隐患。粉尘积聚与火源相遇是煤矿粉尘爆炸产生的必然原因。煤尘悬浮在空气中，因颗粒小，与氧气接触面积增大，氧化能力显著增强。当有火源存在，环境中又存在一定浓度的煤尘时，二者相遇就会燃烧产生大量可燃气体。可燃气体与空气混合，促使强烈氧化燃烧，在介质中迅速传播，使附近煤尘扬起，继续受热燃烧，并释放更多可燃气，达到一定程度，便形成爆炸。

过高浓度的粉尘的存在，降低井下工作环境能见度，增加事故发生率。煤尘造成的猛烈爆炸经常危害井下作业人员的身体健康甚至导致伤亡，损坏设备，使生产停顿。程度严重的还会摧毁矿井，破坏采煤工作面，堵塞通风，导致大面积顶板垮塌，对煤炭安全生产和矿工生命安全威胁极大。它的危害性主要表现在 4 个方面：

（1）煤尘的自燃性和爆炸性。煤尘的自燃和爆炸危险普遍存在，并且危害严重。我国煤矿爆炸危险由于制度、个人对安全的知识掌握以及安全意识等因素，更是普遍存在。

（2）严重的职业危害性。粉尘对人体的危害，最直接、最严重的是矿肺、煤矽肺和煤肺病，统称为尘肺病。矽肺病致病的主要工种是岩石爆破，接触的是游离二氧化硅粉尘；煤矽肺病致病的主要工种是煤岩爆破，接触的是煤尘中含的二氧化硅；煤肺病主要工种是煤层爆破，接触的是煤尘。

（3）降低了工作场所的能见度。在井下某些工作面煤尘浓度高，其能见度极低，往往导致误操作，增加工伤事故的发生。

（4）加速机械磨损。矿尘对机械设备的影响，表现在加速机械的磨损及腐蚀、缩短精密仪器的寿命、加速仪器的老化、降低仪器的效率，同时也浪费了能源。

因此，研究并结合不同风速下巷道内粉尘飞扬情况来分析如何减少粉尘危害具有重要的意义。

5.1.1　粉尘防治的历史演进

1. 煤矿井下环境的特点

煤矿井下作业环境比较复杂，要减少甚至消除粉尘构成的危害，还必须关注其复杂性。井下环境共有 4 个特点：

（1）煤矿井下工作环境空间狭窄，活动受限、阴暗潮湿，没有阳光照射，井下工作人员时刻都受到安全危险。

（2）存在易燃易爆气体（如瓦斯、一氧化碳、氢气等）、煤尘等潜在爆炸性危险因素。

（3）工作场所不固定，采掘设备要随着采掘工作面的搬移而不断推移，并且地质构造常有变化，地下开采技术条件复杂。

（4）工作地点由于受地热作用、人体和机电设备的散热、水分蒸发等因素影响，井下的温度、湿度、空气质量等气候条件较差。

2. 粉尘防治措施的发展阶段

综合考虑煤矿井下环境的特点，我国针对煤矿井下粉尘危害问题所实施的防治措施经过了以下几个阶段。

第一阶段，20 世纪 50 年代中期到 60 年代，国内研究人员利用前人对粉尘造成的威胁而做的大量研究，较系统地进行煤层注水机理及工艺的研究。

煤层注水是在回采前预先在煤层打若干钻孔，通过钻孔注入压力水，使其渗入煤体内部，破坏煤体内原有的煤 – 瓦斯两相体系的平衡，形成煤 – 瓦斯 – 水三相体系，体系内各个介质相互作用，使煤的物理化学性质、力学性质及热力学性质发生变化。煤层注水按钻孔深度分深孔注水和浅孔注水。深孔注水是在回采工作面前方进风巷或回风巷沿煤层倾斜平行于工作面打孔，孔深一般为工作面斜长的 2/3，孔径 75～100 mm。用水泥浆或橡胶封孔器封孔后，即可开始注水。与浅孔注水相比，深孔注水成本较高，打钻较困难，只适用于中厚与厚煤层。优点是预湿范围大，能充分湿润，而且不影响采煤工作。但在有些矿区，由于煤层没有受到破坏，注水较困难，注水量小。

第二阶段，20 世纪 70 年代，研制出煤层注水专用的高压注水泵及配套注水仪表和器具，形成了煤层注水成套技术。

煤层注水泵是由高压水泵、防爆电机、不锈钢溢流阀、底座等主要部件组成。高压泵采用浸润润滑式曲轴转动、无磨损陶瓷柱塞、锻制黄铜泵体及不锈钢阀，可连续 24 h 不间断工作无故障。溢流阀使用于固定排量的自动压力控制系统，当压力管路完全闭合时，能使泵释压运转，自动卸荷，空载运行，也能使泵溢流时在低压状态运转，既节省动力也能延长泵的使用寿命。煤层注水泵具有轻便、节能、易移动、寿命长等优点，可泵送清水、乳化液，适用于煤层注水、井下液压支柱供液。减少采煤工作面粉尘产生的最根本、最有效的措施是煤层注水，煤层注水是通过煤层注水泵将压力水注入煤层中，使煤层得到预先湿润，增加煤体的水分，减少采煤时粉尘产生的一种技术措施。

煤层注水泵注水后可有效降低煤体的应力集中程度，又可扩大煤壁前方应力降低区的宽度，从而增加了抵抗破坏的侧向阻力。在选择注水泵时还应该注意流量、扬程、转速、汽蚀余量、功率和效率。

第三阶段，20 世纪 80 年代以来，世界各国的除尘设备有了较快发展，特别是发达国家采用了湿式洗涤过滤除尘工艺，俄罗斯采用了湿式旋流吸尘泵工艺，德国采用了干式布袋除尘工艺。

我国的除尘技术和装备发展速度也比较快，采掘工作面导致粉尘的强度也急剧增加，针对采掘工作面高产尘强度的现状，相关研究人员先后研究成功采煤机内外喷雾降尘技术、机采工作面含尘气流控制技术、液压支架自动喷雾降尘技术、综采放顶煤工作面综合防尘技术、机掘工作面通风除尘技术、湿式和干式掘进机用除尘器、锚喷除尘器、转载运输系统自动喷雾降尘、泡沫除尘等多种降尘技术与装备。

（1）通风除尘技术。通风井和采掘工作面的新鲜风流含尘量不得超过 $0.5\ mg/m^3$，风流净化包括井口净化和井内净化。井口净化方法有定期清洗进风井与附近环境的粉尘，井口风流喷雾净化以及改善井口环境条件，比如在井口周围附近植树造林、种植草坪等。井内净化方法一般为在进回风巷道内安装水幕，定期清洗。

（2）湿式除尘技术。根据粉尘的湿润性能，湿式除尘技术可以分为：①用水湿润，冲洗初生和沉积的粉尘；②用水捕集悬浮于空气中的粉尘。粉尘的湿润机理，即液体将粉尘表面气体挤出后，从其表面扩展的过程，实质上湿润过程也就是固液气界面上表面能变化的过程，粉尘的湿润性取决于液体和尘粒表面的接触角。在喷雾降尘过程中，降尘效果与采用的喷嘴类型、喷雾机理、喷嘴的布置、喷雾参数及煤尘性质等因素密切相关。

（3）泡沫除尘技术。泡沫除尘是一种用无空隙的泡沫体覆盖尘源，使刚产生的粉尘得以湿润、沉积而失去飞扬能力的除尘方法。泡沫除尘可应用于综采机组、掘进机组、带式输送机及尘源较固定的地点。

（4）添加降尘剂除尘技术。几乎所有的煤尘都具有一定的疏水性，加之水的表面张力又较大，添加降尘剂后可大大增加水溶液对粉尘的浸润性，即粉尘粒子原有的固气界面被固液界面所代替，致使液体对粉尘的浸润程度大大提高，从而提高了降尘效率。我国煤矿应用的降尘剂有渗透剂、除尘剂、湿润剂。

第四阶段，20 世纪 90 年代，进行了超声雾化、荷电喷雾、高压喷雾等高效喷雾降尘技术的研究，使呼吸性粉尘的降尘率大大提高。

随着现代科学技术的不断发展，目前研究员们成功研制出了涡流控尘装置、KCS 系列新型湿式除尘器和 CPC 高压喷雾降尘装置，使机掘工作面综合除尘技术配套装备更加完善，采煤机高压喷雾总粉尘降尘效率进一步提高，用水量显著减少。

（1）磁化水除尘技术。磁化水是经过磁化器处理过的水，这种水的物理化学性质发生了暂时的变化，此过程称做水的磁化。磁化水性质变化的程度与磁化器的磁场强度、水中所含杂质的性质、水在磁化器内的流动速度等因素有关。水经磁化处理后，其表面张力、吸附能力、溶解能力及渗透能力增加，使水的结构和性质暂时发生显著的变化，使水的黏度降低，结构变小，水珠也变小，有利于提高水的雾化程度，增加水与粉尘的接触机会，提高降尘效率。目前我国矿山推广应用的磁化器主要有 TFL 系列磁水器与 RMJ 系列磁水器。

（2）声波雾化除尘技术。超声雾化技术是利用超声波特殊性能来雾化水的新兴喷雾技术，该技术能使水充分雾化，实现微细水雾捕尘。影响超声雾化性能的主要因素有气压和水量。雾化效果的衡量指标有两个，一是雾滴粒径，以小于 50 μm 雾滴所占比例表示；一是单位面积内的雾滴数量。

近年来，直读式测尘仪和粉尘浓度传感器的出现，实现了粉尘浓度的快速、实时检测，达到国际先进水平。

5.1.2 检测仪器及原理

在煤矿的生产作业过程中，如机采、综采、炮采、回采等工序，均可产生大量的粉尘。呼吸性粉尘是煤矿生产过程中产生的粉尘中的一部分。为了评价工作场所粉尘的危害、加强粉尘措施的科学管理、保护劳动者的身体健康，需要对作业场所空气中的粉尘进行检查。

1. 总粉尘的测定——滤膜质量法

滤膜质量法原理是采集一定体积含尘空气，将粉尘阻留在已知质量的测尘滤膜上，由采样前后滤膜的质量之差和采气体积，计算空气中粉尘的浓度。

器材包括粉尘采样器、滤膜、流量计、抽气机等。滤膜要注意使用过氯乙烯纤维滤膜，其特点是阻尘率高、阻力小、质量轻、荷电性和憎水性强，直径为 40 mm 或 75 mm。不适用时，可改用玻璃纤维滤膜。抽气机由泵体、微型电机和蓄电池组成，能连续运转120 min 以上。

在该煤矿进行采样，滤膜夹放入采样头拧紧，采样持续时间不得小于 10 min。采样结束后，关闭采样器，去除滤膜夹，放入贮存盒，带回实验室分析、记录现场采样的环境及条件。

2. 个体呼吸性粉尘的测定方法

个体呼吸性粉尘的测定方法也是滤膜质量法，原理同总粉尘的测定。

3. 粉尘中游离二氧化硅含量测定方法

粉尘中游离二氧化硅是矽肺的病因，它的含量的不同对人体的危害也不同。粉尘卫生标准是根据粉尘中游离二氧化硅含量的不同进行分档，分别规定不同的容许浓度。粉尘中游离二氧化硅含量的测定方法有化学法和物理法两种，化学法中常用的有焦磷酸质量法，物理法中常用的有红外光谱法。

焦磷酸质量法原理是硅酸盐溶于加热的焦磷酸，而游离二氧化硅几乎不溶，以质量法测定粉尘中游离二氧化硅含量。

红外光谱法原理是 α 石英在红外光谱中于 12.5 μm（800 cm^{-1}）、12.8 μm（780 cm^{-1}）及 4.4 μm（694 cm^{-1}）处出现特异性强的吸收带，在一定范围内其吸光度值与 α - 石英质量成线性关系。

4. 粉尘分散度测定方法

煤矿测定粉尘分散度的方法一般有两种，包括滤膜溶解涂片法和自然沉降法。

滤膜溶解涂片法原理是将采有粉尘的滤膜溶于乙酸丁酯汇总，搅拌均匀，制成粉尘标本，在放大倍率为 400~600 倍的显微镜下计测，测定粉尘粒子的大小。

自然沉降法原理是将含尘空气采集于沉降器内，使尘粒自然沉降在盖玻片上，制备标本，在显微镜下计测。测定粉尘粒子分散度时，自然沉降法与滤膜溶解涂片法的分散度技术方法相同。

5.1.3 现代防治的重点

煤矿井下粉尘的成因是多方面的，不仅与矿井的采掘工艺、通风方式有关，同时与所开采煤层的物理性质（如水分）有直接关系。有效控制煤尘浓度，首先必须使煤矿井下粉尘浓度符合国家规程、规范要求，其次还必须从粉尘的产生根源上进行防治，采取相应的技术措施进行控制。

1. 符合国家规程和规范要求

我国《高危粉尘作业与高毒作业职业卫生管理条例》第一章第二条规定了高危粉尘作业的概念，即用人单位的劳动者在职业活动中从事接触石棉、游离二氧化硅含量在10%以上粉尘的作业，或者接触其他粉尘且罹患尘肺风险较高的作业。第二章高危粉尘作业管理中第六条规定了有效控制粉尘危害的综合性防尘措施如下：

（1）在满足生产工艺的条件下，采用湿法作业。

（2）对高危粉尘发生源及扬尘点实施密闭、除尘净化措施。

（3）高危粉尘作业与其他作业隔离。

（4）将劳动者与高危粉尘作业环境隔离，或采用远距离操作。

（5）根据作业特点设置形式合理的局部排风除尘装置。

用人单位职业病防护设施的设置及其性能应满足相关技术标准的要求，并确保其处于正常运行状态，不得擅自拆除或停止使用。除此之外，用人单位应当委托具有相应资质的职业卫生技术服务机构，至少每半年进行一次工作场所高危粉尘的检测。

《高危粉尘作业与高毒作业职业卫生管理条例》第十二条、第十三条分别规定，"矿山开采、隧道施工、地质勘探等凿岩工程必须采取湿式凿岩、喷雾洒水和通风除尘等技术措施。""用人单位对于从事高危粉尘作业的劳动者，必须在上岗前进行专门的职业卫生培训，并将培训记录存入本单位职业卫生档案。"职业卫生培训应当包括下列主要内容：

（1）可能产生的职业病危害及其预防措施。

（2）岗位作业规程。

（3）职业病危害防护设施以及个人防护用品的使用方法。

（4）职业病危害事故应急救援方法。

2. 技术措施

从粉尘的产生根源上进行防治，采取相应的技术措施进行控制。煤矿粉尘的防治主要是通过3个方面来实现的。一是在采煤之前，通过注水提高煤体的润湿性，以降低煤体产尘的可能性；二是在开采时，利用特定的防尘技术控制尘源；三是利用相关除尘技术或设备，及时地把产生的粉尘过滤或者排除掉。具体而言，目前矿山防尘的常用方法有以下技术。

1）通风除尘

通风的目的之一就是将井下煤尘稀释到安全浓度以下并排出矿井。决定通风除尘效果的主要因素有风速、风流方向，及矿尘密度、粒度、形状、湿润程度等。风速过低，粗粒矿尘将与空气分离下沉，不易排出而滞留在采掘空间，增加煤尘的浓度；风速过高，虽然能够将煤尘带走，但又使采掘空间的落尘重新吹起，反而会增加煤尘浓度。

一般而言，掘进工作面的最优排尘风速为 0.4~0.7 m/s，机械化采煤工作面的风速为 1.5~2.5 m/s，回采工作面、掘进煤巷最高允许风速为 4 m/s。这不仅考虑了工作面通风的要求，同时也考虑到煤尘的一次飞扬问题。

2）煤层注水

煤层注水是通过钻孔将高压水注入煤体，使煤体预先湿润，将原生煤尘润湿，使其失去飞扬的能力。且水能有效地包裹煤体的每个细小部分，当煤体在开采中破碎时，有水存在就可避免细粒煤尘的飞扬。煤层注水是防尘工作中一项预防性治本措施。

国内外注水的状况主要有以下 3 种：

（1）短孔注水，即在回采工作面垂直煤壁或与煤壁斜交处打孔注水，注水孔长度一般为 2~3.5 m。

（2）深孔注水，即在回采工作面垂直煤壁方向上打孔注水，孔长一般为 5~25 m。

（3）长孔注水，即从回采工作面的运输巷或回风巷沿煤层倾向平行于工作面打上向孔或下向孔注水，孔长 30~100 m，有时也采用上向和下向相结合的钻孔注水方式。

3. 湿式作业

1）湿式凿岩、钻眼

该方法是在凿岩、钻眼过程中，将压力水通过凿岩机、钻杆送入并充满孔底，以湿润、冲洗和排出产生的矿尘。据实测，干式钻眼产尘量约占掘进总尘量的 80%~90%，而湿式凿岩的除尘率可达 90% 左右。

2）喷雾降尘技术

喷雾降尘的原理是利用水的雾滴与尘粒碰撞，尘粒经过润湿和凝聚而增加了质量，在重力的作用下从空气中沉降下落。

采用喷雾降尘主要要求如下：

（1）尽量不让粉尘从水雾中漏掉，喷雾装置产生的雾化水必须覆盖尘源点全断面，且有一定能量。

（2）在达到除尘的前提下减少水的消耗量，避免增加因排水等引起的原煤生产成本及降低煤质。

（3）压力要适中，由于井下相关尘源点所需喷雾装置产生的喷雾压力不同，所需喷雾系统中某一点的水压值也就不同。

（4）移动、操作要方便。井下采掘工作面是动态的，随着采掘工作面移动，配套的相应装置也一样，这就要求喷雾降尘装置及喷雾洒水系统必须满足移动的要求。

喷雾降尘技术具体分为以下几种：

（1）采煤机喷雾降尘技术。采煤机滚筒割煤及向刮板输送机装煤时产生大量的粉尘，成为综采工作面防尘的重点。目前，对采煤机割煤时采用的喷雾降尘技术主要有以下几个方面：①采煤机滚筒摇臂径向雾屏及液压支架探梁辅助喷雾降尘；②采煤机内外喷雾降尘；③采煤机高压喷雾负压二次降尘。

（2）液压支架移架自动喷雾降尘技术。自移式液压支架在降柱和前移过程中的产尘量约占整个工作面产尘量的 30%，目前国内已经研制出了液压支架自动喷雾控制阀，实现了液压支架在降柱、移架、推溜过程中的自动喷雾除尘，效果良好，获得较广的应用。

3）水炮泥和水封爆破

水炮泥是利用特制的塑料袋装水，代替黏土炮泥填入炮眼内，在爆炸的瞬间，水在高温高压下汽化，大量水汽急剧向周围扩散，同时水在爆炸压力作用下强力渗透到煤体中，从而有效地抑制大量煤尘的产生。水封爆破与水炮泥的不同之处在于，水封爆破是用两段炮泥封存一段水柱。使用水炮泥或水封爆破，其降尘率最高可达 60%，同时也可使爆破后产生的有毒有害气体大为减少。

4. 净化风流技术

1）空气幕隔尘技术

该技术是利用在条形风口中吹出条缝形空气射流，实现污染源散发出来的污染物与周围空气隔离的效果，从而保证工作区的卫生条件。空气幕隔尘技术在我国的煤矿已经有现场应用，通常安装在采煤机机身上，在采煤机滚筒截煤时，喷射的空气流就可以阻止工作面的粉尘向采煤机司机扩散。

2）水幕净化技术

水幕净化技术是在井巷顶部或两帮敷设水管，且在水管上间隔安装数个喷雾器，通过喷出的水幕将矿尘捕获。水幕可在矿井风流总入口、采区风流入口、掘进回风流口、巷道中产尘源处等位置布设。水幕的控制方式可根据巷道的条件，选用光电式、触控式或机械传动控制。

5. 个体防护

个体防护是指通过佩戴各种防护面具以减少粉尘被吸入体内的措施。目前，个体防护用具有自吸式防尘口罩、过滤式送风防尘口罩、气流安全帽、防尘风罩、防毒面具等，其目的是使佩戴者能呼吸净化过的清洁空气而不影响正常工作。个体防护措施的阻尘效率高，是解决矿山粉尘危害矿工身体健康的重要技术措施之一，积极推广个体防护技术，必将促进矿山防尘工作，使矿山职工免受粉尘的危害。尤其是防尘口罩，应该根据作业和环境的差异选择不同的防尘口罩，特别是采掘和锚喷工种的工人，绝不能忽视个体防护的作用，应坚持正确使用，养成良好的作业习惯和生活习惯。

5.1.4 防治设施和劳保用品

我国《高危粉尘作业与高毒作业职业卫生管理条例》第七条对防治设施进行了相关规定，用人单位应当建立职业病防护设施的管理制度与设备台账，加强日常检查与维护，并且至少每年进行一次防护设施的检测。

其中，通风或排风装置检测应包括下列内容：

（1）通风换气能力。

（2）除尘效果。

（3）其他保持通风或排风性能的必要事项。

检查与检测结果应当存入本单位职业卫生档案，发现防护设施异常时应立即采取措施确保其正常运行。

1. 粉尘浓度测试

在对粉尘危害进行防范之前，还必须对粉尘先进行测定，如果超过了粉尘的规定标准，才需要对粉尘造成危害之前对粉尘实施防范措施。在粉尘浓度监测方面，采取粉尘采样器、直读式测尘仪和粉尘浓度传感器相结合的方法进行。

国内有代表性的粉尘采样器研制和生产企业主要有煤炭科学研究总院重庆研究院、常熟矿山机电设备厂、常熟电子仪器厂等，其技术参数均达到《粉尘采样器通用技术条件》（MT 162—1995）的规定。

直读式快速测尘仪应用于我国煤矿井下监测作业场所的粉尘浓度始于20世纪80年代，其优点是快速、直读，但测量结果误差较大是其缺点。过去该类仪器误差一般大于25%，无法达到《直读式粉尘浓度测量仪表通用技术条件》（MT 163—1997）的规定。

国外发达国家在20世纪80年代初开发研制了各种快速测尘仪，测量误差都小于10%。

随着电子技术的发展和各生产厂家对直读式测尘仪结构的改进，使我国近几年的直读测尘技术跃上一个新的台阶，测量准确度大大提高。以煤炭科学研究总院重庆研究院研制出的直读式测尘仪为例，采用采样与测尘一体化结构，避免了由于采样板转移造成粉尘抖落而带来的误差；同时采用反馈原理稳定流量和正计时原理保障流量始终稳定在15L/min的95%~100%的范围内，使仪器的测量误差小于1.5%（标定误差）。

在粉尘浓度连续监测方面，首先由煤炭科学研究总院重庆研究院在国家"十五"科技攻关中开发出了粉尘浓度传感器，该传感器可以与煤矿井下的监测系统联网使用，实现煤矿井下粉尘浓度的连续监测。在此基础上，国内其他厂家也相继开发出同样原理的煤矿用粉尘浓度传感器。

2. 粉尘粒度分布测试

20世纪90年代初，煤炭科学研究总院重庆研究院研究出 MD-1 型粉尘粒度分布测定仪，该仪器利用斯托克斯（stokes）定律结合光吸收原理测定粉尘粒度分布，实现了测试的自动化，粒度分布测量范围 $1 \sim 150 \ \mu m$，目前已经在全国多数煤矿推广应用。

3. 粉尘中游离二氧化硅含量测试

国内一般采用焦磷酸法和红外分光光度计在实验室按有关标准测试。由于使用的方法没有统一，导致测试结果可比性差。

当前，我国煤矿掘进工作面有湿式凿岩、爆破喷雾、装岩洒水、冲洗岩帮、风流净化等5项综合防尘措施。回采工作面有煤层注水、采空区灌水湿润煤体、机组内外喷雾降尘措施。此外，还研制出防尘帽、防尘口罩等个体防尘用具，光电式煤尘、岩尘、水泥粉尘浓度快速测定仪等检测仪表。

4. 钻孔粉尘治理

随着开采深度的增加，煤层瓦斯含量也随之增加，所有高瓦斯矿井均要求采取先抽后采的瓦斯防治措施。钻孔时粉尘浓度一般在 $200 \sim 700 \ mg/m^3$，且细粒径粉尘比例较大；经过测试，呼吸性粉尘所占比例大约40%，对作业人员的危害极大。目前，在发展湿式钻眼降尘和泡沫除尘降低粉尘浓度的同时，"十五"期间研究出的孔口除尘器能使钻孔时的降尘效率达到相关标准。

5. 运输、转载粉尘治理

虽然单个地点的绝对粉尘量不大，一般在 $100 \ mg/m^3$ 左右，但这些点分布多（一般矿井带式输送机运输距离达 10 km 以上，转载点也达 100 个以上），且随风流扩散的大部分是呼吸性粉尘。经过测试，呼吸性粉尘所占比例大约 60%，对井下粉尘防治影响非常大。目前，使用带式输送机自动喷雾降尘技术、转载点密闭抽尘净化技术等，将运输巷道的粉尘浓度控制在 10 mg/m³ 以下。

6. 个体防护

粉尘污染的个体防护用品从传统的棉纱口罩，发展到带气阀的化纤滤料自吸式防尘口罩和新研制的气流安全帽、压风呼吸器、过滤式送风防尘口罩等，这些个体防护装置在某些不便使用大型除尘设备的局部区域起到了保护作业人员的作用。

国内煤矿防尘设备的研究及成果见表 5-1。

表 5-1　国内煤矿防尘设备的研究及成果

序号	研究方向	主要内容及成果
1	煤尘注水防尘	低压长钻孔煤层注水防尘工艺
		中压、中高压长钻孔煤层注水防尘工艺
		短钻孔煤壁注水防尘工艺
		机采工作面煤层注水防尘工艺
		5D-2/150 型煤层注水泵
		5BZ-1.5/80 型煤层注水泵
		PY-1 型膨胀式封孔器
		DC-160 型中高压水表
		恒定流量调节阀
		2YY-501 型水力压缩柱塞式封孔器
		螺旋式封孔器
2	自动喷雾装置	光电式自动喷雾
		续电式
		机械式
		声控式
		自动喷雾遥控装置
3	机组喷雾	PU 型喷雾器
		PUN 型喷雾器
4	水炮泥	刀把式水炮泥
		自动封口式水炮泥
5	掘进机组除尘装置	吸捕罩
		湿式过滤除尘器
		旋流脱水器
		干式除尘器
6	矿用捕尘器	微型旋流集尘管
		旋流除尘器

表 5 - 1 （续）

序号	研究方向	主要内容及成果
7	测尘仪	ACG - 1 型煤尘测定仪
		ACH - 1 型呼吸性粉尘测定仪
		ACS - 1 型水泥粉尘测定仪
8	个体防尘用具	AYH - 1 型压气呼吸器
		AFM 型防尘帽

5.2 高温高湿疾病防治

温度是影响人体健康的主要环境因素。在深部采矿工程中，由于地热等矿井热环境因素，致使井下工作作业环境空气温度升高，作业环境恶化，对生产和安全产生了不良影响，威胁了矿工的身体健康，甚至生命安全，人们称之为矿井热害，对矿井热害治理工作称为矿井降温。进入 20 世纪 80 年代，矿山地压和高温被国际采矿界认为是深部矿床开采的两大技术难题。

所谓高温，是指井下气温超过 30 ℃。此高温下，矿工经常会赤裸着上身进行作业，以此来通过自身因素来降温。造成矿井高温的主要原因有地热、采掘机电设备散热、矿物和矸石放热和风流下流时自压缩放热等 4 大热源；矿井开采深度大，岩石温度高；地下热水易于流动，且热容量大，主要通过对流作用加热井巷围岩，再将热量传递给风流，或者热水直接加热风流；采掘工作面风量偏低。据调查统计，我国煤矿长壁工作面供风量应在 $200 \sim 800 \ m^3/min$ 之间，而按降温要求，高温回采工作面供风量至少应在 $800 \ m^3/min$ 以上。

所谓高湿，是指相对湿度超过 80%。矿井湿度通常采用相对湿度表示，矿井最适宜的相对湿度为 50% ~ 60%。而矿井下空气的相对湿度大多为 80% ~ 90%，总回风道和回风井内空气的相对湿度接近 100%，造成井下空气湿度过大的主要原因是井巷壁面的散湿和矿井水的蒸发。另外，矿井开采过程的生产用水也是造成井下空气湿度过大的一个不可忽视的因素。据 1984 年以来的不完全统计，我国煤矿已有近百人因高温中暑而晕倒在井下作业地点。

5.2.1 高温高湿疾病防治的历史演进

1. 技术演进

1973 年，煤炭科学研究总院研制了 YP - 100 型环缝式压力引射器、涡流管制冷器。从 20 世纪 70 年代，人工制冷水降温技术开始迅速发展并逐渐成熟，已成为矿井降温的主要手段。自此，我国开始研究一系列空气压缩式制冷技术来降温。例如，1993 年平顶山矿务局和原中国航空工业总公司 609 研究所综合研制了 KKL101 型矿用无氟空气制冷剂。在 2003 年，新汶矿业集团组团赴南非进行矿井降温技术考察，得出了建立地面制冰输冰降温系统是可行的方案的结论。2004 年，该区域建立了我国第一座也是世界煤矿第一座制冰输冰降温系统。同年，孙村煤矿通过采用人工制冰降温空调系统获得预期降温效果。

2005 年，辽宁沈阳红阳三矿建立了制冰量为 720 t/d 的制冰站。2006 年和 2010 年，河南平顶山六矿、山东淄博唐口矿和河南梁北矿分别建立了制冰站。

目前，我国的制冷降温系统主要分为 3 个方面，主要包括人工制冷水降温系统、人工制冷冰降温系统和空气压缩制冰降温系统。但是非人工机械制冷降温效果有限，仅适用于矿井热害不严重的矿井，不能在井下大规模应用；而人工机械制冷降温可以有效降低井下温度，比较有效。

增加风量是克服矿井降温的基础措施之一。随着煤矿开采规模的加大、矿井延深，自然条件、瓦斯涌出量、地热等因素的变化，矿井通风措施也需要及时调节。经过相关学者研究，针对当时的主要问题，包括生产布局不合理、通风断面小、构筑物数量多、质量差，以及通风系统中局部阻力大等，对通风提出了改善的措施，如合理布局生产、降低通风网络阻力、提高风机附属装置的综合效率和堵截漏风、提高风量利用率等，提高了通风系统；并提出要加强平时的通风管理工作。

目前我国的主要技术成果有预测技术和矿床极限开采深度确定技术。

（1）矿内风流热力状况预测技术。矿内风流热力状况预测就是在新矿井、新水平投产之前，根据矿井的热环境条件，预先测算出矿内的热力状况。该项成果于 1984 年获得煤炭工业部科技进步奖二等奖，1985 年获国家科技进步三等奖。预测方法已列入《采矿工程设计手册》和《中国煤炭工业百科全书》，预测精度达到世界先进水平。

（2）矿床极限开采深度确定技术。在矿井开拓、开采系统设计中，不采用制冷降温措施时，仅靠加大矿井通风强度的方法来保证采掘工作面风温不超限的最大开采深度，称为矿床极限开采深度。按热力学因素确定矿床的极限开采深度这一成果在国内、国外都处于领先水平，它对深部矿床的经济有效开采具有重大意义。

2. 历史沿革

煤炭科学研究总院抚顺分院是我国主要从事矿井降温科研工作的科研单位，所以，围绕该院关于矿井降温的历史沿革梳理，基本可以掌握我国关于矿井降温科研工作的历史脉络。

（1）1964—1975 年，在淮南九龙岗设计了我国第一个矿井局部制冷降温系统，为我国制冷降温技术的发展奠定了基础。

（2）1982—1987 年，在山东新汶矿务局设计了我国第一个井下集中制冷降温系统（投资 600 万元），成果在制冷技术、供冷及保冷技术、传冷技术以及利用井下回风流排热技术等方面都为我国开创了先例，为我国矿井制冷降温技术的全面发展提供了丰富的经验。这一成果获得山东省科技进步一等奖，其成果处于国内领先、国际先进水平。

（3）1986—1991 年，承担了国家"七五"科技攻关项目。在平顶山八矿设计了我国第二个井下集中制冷降温系统（投资 1000 万元），1991 年通过国家鉴定，处于国内领先、国际先进水平，其成果可在全国推广使用。这一成果获 1992 年度能源部科技进步二等奖。

（4）1992—1995 年，在山东新汶矿务局设计了我国第一个矿井地面集中制冷降温系统（投资 2300 万元）。该系统引进国外先进技术装备，设计制冷能力为 7400 kW，为当时亚洲最大的矿井制冷降温系统。该系统的全部技术装备达到了国际先进水平，为我国矿井地面集中制冷降温技术的发展提供了宝贵的经验。

（5）2002—2006 年，在淮南矿业集团、新集能源股份有限公司设计完成多个矿井降温工程项目。

此外，在丰城、平顶山、北票、新汶、合山等矿区共设计了 10 多个矿井制冷降温系统，均取得了良好效果。

特别要指出的是，针对矿井降温科研难点，煤炭科学研究总院抚顺分院投入大量的人力、物力和财力来进行科学研究，取得了一批重大的科研成果，并培养出一支专门从事矿井降温专业的人才队伍。

以抚顺分院矿井降温技术科研工作为例，我国的矿井降温技术科研发展大致分为 3 个阶段。

第一阶段：1954—1975 年，为学习、试验、观测和基础资料积累阶段。在 20 世纪 50 年代初，抚顺分院与抚顺、北票、本溪、淮南等局密切合作开展了矿井测温及矿内风流热状况的测试和预测工作，进行了长期的、系统的矿井热环境观测研究和综合降温技术试验，为煤矿开展降温工作奠定了基础。60 年代以后，随着我国高温矿井数量不断增加，引起国内一些学者的关注，在借鉴国外经验的同时，并结合我国矿井的实际情况，逐步开展了矿井降温理论的研究；同时我国矿井空调工程技术开始发展。在 60 年代初开始采用小型制冷设备对矿井进行降温。1954 年，在淮南九龙岗矿采用一台苏制的 4 ϕY - 10 型制冷机进行降温试验，取得了一定效果。1966 年，同有关单位协作又研制了 JKT - 20 型矿用移动式空调器，使工作面进风温度下降 5 ~ 6 ℃，含湿量降低 6.1 g/kg，特别是掘进头使用此空调机降温效果更为明显，工作头气温降低 5 ~ 6 ℃，制冷降温费为 0.363 ~ 0.448 元/t。

第二阶段：1976—1990 年，为全面发展出成果出人才阶段。在这一阶段，矿井降温工作全面展开，涌现出了一大批矿井降温科研骨干，在矿井热环境、矿井热交换理论及其在采矿工程中的应用以及矿井降温技术等研究方面，取得了多项高水平的科研成果。1979 年，在 JKT - 20 型的基础上，同武汉冷冻机厂协作，研制了 JKT - 70 型矿用移动式制冷机组（制冷量 232 kW），用于平顶山一矿井下，使用时还配备了 4 台产冷量为 58.1 kW 的空气冷却器，使工作面温度下降 3.99 ~ 6.37 ℃，制冷成本 0.715 ~ 1.332 元/t。1980 年，湖南某金属矿首先采用了地面集中制冷、井下冷却风流的矿井空调系统，工作面环境温度降低 6 ~ 7℃。1984 年，山东新汶孙村矿在井下建立了我国第一个井下集中制冷系统。

第三阶段：1991—2006 年，为科研成果的推广应用和进一步提高、完善的阶段。在这一阶段，对取得的科研成果进行了推广应用、完善和提高，并积极开展了矿井深部热害控制技术的深入研究，开发出不同系列的矿井热害控制成套技术装备，为我国煤炭事业可持续发展提供了技术及装备上的保障。1991 年，孙村矿在千米立井的地面建立了集中制冷系统。2002 年，新汶矿业总结国内经验并学习南非降温系统后，在千米立井建立了地面集中制冰、井下输冰的冰冷低温辐射矿井降温系统。1987 年 9 月，组建了以煤炭科学研究总院抚顺分院为依托的全国性的学术组织——中国煤炭工业劳动保护科学技术学会矿井降温专业委员会。至 2003 年，矿井降温专业委员会自组建以来，共召开了 15 次全国性的学术交流会，与会人数达 820 人次，交流论文 100 余篇，出版著作 2 部，即《矿山热害与热害治理》和《矿井空调技术》，参加了《煤炭工业百科全书》安全卷的编写工作。为普及矿井降温的基本知识，先后举办了 3 期矿井降温技术培训班，培训了中、高级科技人员 104 人。

5.2.2 检测仪器及原理

1. 气温的检测

测温仪器通常称为温度计或温度表，它们都是利用物体的某一属性随温度变化作为测温依据的。通常使用的水银玻璃温度计、酒精玻璃温度计，就是利用水银、酒精的体积与温度间的热胀冷缩效应而制成的。水银作为测温物体具有比热小、导热系数大、沸点高、对玻璃无湿润作用等优点；其缺点是凝固点高，不能测较低温度，热胀系数小，影响仪器的灵敏度。水银玻璃温度计的测定范围为 $-35 \sim 350$ ℃。酒精作为测温物质，优点是凝固点低，可测较低的温度，热胀系数也较大；缺点是沾湿玻璃，容易发生断柱现象，比热大，不易达到热平衡，饱和蒸气压高，当温度先升后降时会有小滴凝结在毛细管上部。酒精玻璃温度计的测定范围为 $-100 \sim 75$ ℃。

生产现场测定气温常同时测定气湿，此时可采用干湿球温湿度计。干球温度计的读数记为气温读数。当测定场所有热辐射存在时，由于辐射会严重影响湿度的测定，产生误差，因此常用通风或手摇温湿度计。当要同时测定多个地方的温度时，可选用电测试温度计，如热电偶温度计、热敏电阻温度计等。

测定温度时应该注意 3 个方面的问题。首先，测定室内气温，应选择无辐射、不靠近通风装置和发热设备，不接触冷的物体如墙壁等地方，1.5 m 高附近垂直悬空温度计。其次，测定室外气温时，可选择地势平坦、大气稳定度好、自然通风的地方，1.5 m 高处垂直固定温度计。最后，读取温度值时，应在测定点周围环境物理条件相对稳定、无大的起伏，温度计静置 5 min 后迅速读取小数值，再读取整数值。注意视线应与水银柱上端平行。

2. 气湿的检测

测定气湿通常采用普通干湿球温度计及或通风温湿度计。干球温度计所示读数即为气温读数，通风温湿度计适用于有热辐射的车间。为了连续观察气湿变动规律，可使用自记温度计。当多个测定必须同时进行测定时，可使用温差电偶温度计、电阻温度计。

1）普通干湿球温度计

它的构造原理是湿球温度计的球部包有纱布，纱布下端浸泡在盛水杯中，另一支为普通干球温度计。在使用时需要注意几点：

（1）有热辐射存在时，不宜使用本温度计。

（2）使用前须检查水银（酒精）柱有无间断。如有间断，可利用离心力、冷却、加热的方法使之连接起来。

（3）测定时，应将温度计悬挂，不应靠近冷、热物体表面，并避免水滴沾在温度计上，以免影响测定结果；观察时，要避免接触球部和呼气对温度计的影响。

（4）温度计固定在测定地点，5 min 后进行读数。读数时，眼睛必须与液柱顶点成水平位置，先读小数，后读整数。

2）通风温湿度计

它的构造原理是两支温度计的球部分别装在镀镍的双金属风筒内，可使得大部分的热辐射被反射，外管以象牙环扣接温度计，以减少传导热的影响。风筒与仪器上部的小风机相连，当小风机开动时，空气以一定的流速自风筒下段进入，流经干湿球温度计的球部，以消除因外界风速变化而产生的影响。

5.2.3　现代防治的重点

目前国内针对矿井热害问题采取的降温措施主要包括以下几点。

1. 增加风量

热害不严重的矿井可采用增加风量的方式排出热量来降低环境温度，并可以有效地加快人体表面的散热速度。增加风量是矿井降温的基础措施之一。但风量的增加并不能无限制地降低环境温度，它受《煤矿安全规程》规定的最高允许风速和降温成本的制约，当风量增加到一定程度后，降温效果会逐渐减小直至消失；同时增风降温还受到井巷断面等各种因素的制约。通风降温主要考虑以下两点：

（1）建立合理的通风系统，尽量使进风巷道开凿在传热系数小的岩石中，以减少进入风流的热量和水汽；要缩短通风线路和分区通风。

（2）适当加大进风量。风速太大使人感到不舒服，风阻和风速过高则应加大风巷断面。加强通风管理，减少漏风、减少阻力和提高通风的质量。建立通风检控系统，监控实时温度、湿度、风速、主要通风机风压等，根据设定的异常情况发出警报，并显示异常地点；按设定状态自动控制主要通风机的运转；自动打印测定结果。

2. 井下局部移动式空调机制冷

在井下各工作面安装移动式空调机对环境降温的方法简单灵活，仅需安装少量的设备管道，可随着需要变换安装位置。缺点是制冷的同时会产生冷量的 1.2~1.3 倍的冷凝热，从而对周围环境再次产生污染；同时，设备体积受约束，故制冷量小，只适用于需冷量小、热害不严重的工作面。技术关键是制冷、输冷、传冷与排热控制，必须根据矿井的实际情况设计矿井制冷空调系统。

3. 地面集中制冷

制冷机安装在地面，冷水经保温管道送往工作面附近，与移动式热交换器配套，冷却工作面环境温度。由于制冷机安装在地面，制冷设备不需要矿用设备，安全可靠且价格相对便宜，冷凝热排放不会污染矿井进风风流，且具有厂房施工、设备安装、维修和管理方便等优点。但地面至井下供冷管道线路长；在井底处需购置高低压换热装置，一次侧压力高，安全性要求较高；高低压换热器价格昂贵，初期投资较高，管理维护的工程量较大，整体装置体积大，难以移动；整个系统管路复杂、设备多，维护成本大。

4. 采用冰冷降温系统

冰冷降温系统在地面放置制冰设备，将冰破碎后通过保温输冰管路，输送到井下融冰室进行溶解。输冰管路不存在高压，安全性高；冰可与工作面回水直接接触，能够充分热交换，传热效率较高。缺点为制冷耗电量大，输冰管路冷损较大，长距离输冰技术不够成熟，输冰事故率高，另外制冰设备及辅助设备前期投资高，后期维护费用高。由于要增加地面制冰和输冰设备，系统复杂，费用高昂，仅在对老矿井进行改造时可能权宜采用。

5. 采取个体防护方法

在井下一些环境恶劣、不便采用集中降温措施地点工作的工作人员，例如在独头高温工作面的工作人员、各种大型设备操作人员和未采用中央制冷空调时的井下游动工作人员及生产管理者可通过身穿降温服达到个体降温的作用。

降温服可直接减少煤矿工人的出汗率，加快体表散热速率，有效防止高温作业下中暑休克。这种方式成本仅为其他制冷成本的 1/5 左右，其缺点为降温服有效制冷时间仅为 2 h 左右。若将降温服与制冷冰箱有效结合，用制冷冰箱为降温服内冷却介质蓄冷，延长降温服的使用时间，将能很好地解决工人中暑问题。

6. 加强教育和管理，提高自我保护能力

针对矿井中高温高湿对人体的严重危害，为了保护矿工的身心健康，必须加强对此危害问题的深刻认识，加强矿工的安全教育，定期对矿工进行安全知识和安全技能的培训，提高矿工的安全防患意识，使矿工熟悉矿井热病的症状，学会现场急救措施，提高矿工的自我保护能力。

7. 提高劳动生产率，降低劳动强度

必须加大经济投入，加快技术改造，采用先进的技术和设备，加强企业管理，提高劳动生产率，减少矿工的劳动时间，降低劳动强度，保护矿工的身心健康。

5.2.4　防治设施和劳保用品

1. 降温服

对于个体特种防护方面，降温服适合于高温热害程度不高、矿工分散的井下高温作业地点，一次实现人体小环境的平衡。在传统的个体防护服中，防护服的降温核心是一套由涡旋管制冷器及服装内部具有一定布局的微孔塑料软管衬层组成。冷空气通过输入软管中在防护服的内侧形成适宜井下工人工作的内环境，而热空气则通过消声器直接排放到外界。而煤矿工作防护服都采用了棉纤维，虽然吸湿性很好，但出汗量稍大时，性能就会降低，造成冷湿感。新型特种防护服稍加改善，采用了吸湿排汗纤维，将人体汗水迅速吸收、传输。

1）结构

降温服由马甲、蓄冷袋、隔冷袋和隔冷板 4 部分组成。马甲采用纯棉材料，可有效防止摩擦静电引起的瓦斯爆炸；蓄冷袋放置在后背及腋下等身体主要散热部位，增加人体表面向外界的传热速率，蓄冷袋与马甲分体设计，使用更加灵活方便；隔冷袋和隔冷板可有效解决过冷现象，提高降温服的舒适感。

根据蓄冷介质的不同，降温服可分为气体降温服、液体降温服及相变材料降温服。研究表明，用冰作为介质的降温服的质量最为可靠，效果也最好，有效的冷却时间一般为 2 h 左右。

2）工作原理

在高温环境中的工人由于长时间高强度、高度紧张的作业，其人体能量代谢速率增大，而高温矿井环境温度和周围湿度均较高，因此体表向外界散热速率及汗液的蒸发速率均较小，从而导致矿工身体蓄能不断增高，体温增加，最终引起中暑。降温服中蓄冷袋通过热传导方式不断吸收人体散发的热量，增大人体表面向周围环境传热速率，达到人体防暑降温的作用。

降温服有广泛的适用范围，独头高温作业面、井下大型设备操作人员及未采用中央空调的井下游动工作人员或生产管理者均可身穿降温服，达到降温的目的。采用降温服来防治热害成本较其他方法价格低廉，可直接作用于人体降温，减少人体的出汗率。

2. 气动制冷冰箱

1）制冷原理

气动制冷冰箱不同于常规防爆冰箱，它不使用任何电力，而是采用矿井压风驱动压缩机工作，从而实现制冷工作，因此气动制冷冰箱可实现真正本质安全，可移动性大，适用于煤矿井下制冷。

气动制冷冰箱制冷通过煤矿井下压风带动气动马达从而驱动压缩机工作，制冷剂气体经压缩机压缩变为高温高压的过热气体，经过压缩机的排气管进入冷凝器，过热的制冷剂蒸气在冷凝器中冷凝为高温中压的液体；高温中压的制冷剂液体经干燥过滤后进入毛细管，经过毛细管节流降压后由高温中压变为低温低压；低温低压的制冷剂液体在蒸发器中大量吸收外界热量而汽化为饱和蒸气，实现制冷，然后在吸气管中变为低压蒸气，再被压缩机吸入继而完成制冷循环过程，而压缩机的不停工作使得制冷冰箱不断地制冷。

2）自动控制原理

冰箱的制冷工作的开闭由温度控制阀控制，使得冷冻室温度在设定范围内。矿井压风在经过过滤减压之后经过温度控制阀，温度控制阀的感温包植入在冷冻室内，当冷冻室温度高于温度控制阀门设置的上限温度时，感温包感温，温控阀开启，此时压风接入，压缩机工作，实现冰箱制冷；反之，当冷冻室温度低于温度控制阀门设置的下限温度时，温度控制阀关闭，压缩机停止工作，冰箱制冷停止，由此实现制冷冰箱的自动控制。

制冷冰箱的箱体及门体采用不锈钢外壳，中间填充聚氨酯泡沫保温材料对箱体保温。

3. 离心式通风机

矿井实施全风压低温送风是将自然湿热空气经机械降温到人体最佳工作环境。矿井防爆 YBHT 系列离心式通风机配备金属风筒，风筒内风速为 $13 \sim 15$ m/s，实现环保型矿井全风压通风。

1）适用范围

全风压离心式通风机适用于各类爆炸环境中气体和所形成的易燃易爆气体混合物。尘量和固体杂质不大于 100 mg/m³，直径不大于 1 mm。

2）风机特性

风机转动件和相关静止件材料的设计除满足强度和刚度要求外，考虑了防爆性，为避免碰撞摩擦，防止火花产生，将钢制叶轮与其相配合的进出风圈采用 H62 黄铜制成，从装备上消除了有害易燃易爆的危害。

全风压风机另装备有停电不停风的系统保险装置。在风机的进出口侧另设计安全引风筒内，设有自动双保险闸门。

全风压风机配有负压金属风筒，安全可靠、阻燃防爆，组装运输方便，利用单轨吊自动移置拆卸，可重复使用，寿命为 $3 \sim 5$ 年。

5.3 噪声和振动疾病防治

5.3.1 噪声和振动疾病防治措施

1. 分级预防噪声措施

很多国家通过探索和实践得出了一套有效的预防噪声措施，即三级预防措施。其中，一级预防措施是消除噪声；二级预防措施是提前发现噪声危害并对受职业噪声危害的病人给予保护；三级预防措施是及时对受职业噪声危害的受害者提供治疗，使其病情减弱，并尽可能康复。在实施的过程中，要合理地采取三级预防措施，使预防职业噪声达到最佳的效果和收到最好的经济效益。

一级预防措施是控制煤矿职业噪声危害的最积极、最彻底也是最有效的噪声控制措施。主要是在煤矿生产过程中对要用到的设备进行革新，消除这些设备产生噪声的噪声源，即运用消除噪声、吸收噪声、隔离噪声等技术手段，降低噪声的影响，但这些手段需要具备工程技术和经济水平上的可行性。我国煤矿噪声源都是来自一些较基本的生产设备，如综合采煤机、局部通风机、爆破、风钻及输送机等。然而要将这些设备进行革新以降低其产生的噪声，对经济和工程技术方面的要求是很高的。根据我国的实际情况，目前要采取从根本上消除噪声的一级预防措施还需要进一步努力，所以只能把重点转向改善设备的质量上来。为完成一级预防措施的实施，卫生部门还应建立监督监测制度，做好宣传教育工作，指导工人正确采用个体防护用具。

二级预防措施包括了一系列的卫生预防措施，是控制煤矿职业噪声危害的重点。在煤矿作业场所中，所有接触噪声的工人应进行作业前体检，特别是接触高噪声岗位的工人。体检完后将测定结果放入健康档案；对所有噪声超过国家噪声标准的作业场所的工作人员都需进行体检，体检频率依据各工人所从事岗位的噪声大小来定，所从事的工作场所噪声在 10 dB 以下、11～20 dB、20 dB 以上的人员分别为 3 年、2 年、1 年检查一次。

三级预防措施是对监测结果显示已经造成听力损伤的工人，应及时安排他们到接触噪声安全的工作场所，并对受职业噪声危害的受害者提供治疗，使其病情减弱，并尽可能康复。

2. 噪声综合治理措施

目前我国对矿区噪声一般采取消声、吸声、隔声等多种手段进行综合治理。对采煤机割煤噪声进行注水软化煤体，减少切割噪声；局部通风机噪声可在局部通风机的进出风口加消声器，并对机壳涂减振阻尼材料；对周围环境影响较大的主要通风机噪声，可建造隔声室或在风道内、扩散器出口处加吸声、消声装置进行综合治理。另外，可采用新技术新设备，如采用对旋式局部通风机，不仅可以降低噪声，还可提高风机的效率。

由山东科技大学机电学院曾经完成的"煤矿机电设备噪声综合防治新技术研究"通过了山东省教育厅组织的项目成果鉴定会。鉴定专家委员会认为，该项目在煤矿机电设备消声、集热、散热等方面的研究达到了国际先进水平。"煤矿机电设备噪声综合防治新技术研究"以煤矿机电设备的噪声控制为工程背景，将风机的扩散理论与消声器的降噪理论相结合，研制了变截面扩散型消声系统，将部分动压转换成静压，减少了阻力损失，降低了噪声，实现了降噪与节能的目的。研制出具有集热、隔声、排热功能的集成系统，解决了煤矿大型电机的散热问题，减少了噪声的对外扩散；根据煤矿噪声的频谱特性及煤矿的工作环境，研制了矿用护面板、吸声体等，达到良好的降噪效果。

3. 振动疾病预防

振动疾病预防的方法主要包括以下几个方面：一是提高科学技术水平，改进劳动工具；二是减少工人的振动作业时间；三是改善工人的劳动环境；四是增强个体防护的意识。

5.3.2　检测仪器及原理

1. 测量噪声的仪器及原理

传统的测量噪声的仪器包括声级计、频谱分析器、声级统计分析仪、噪声剂量计以及专用声学测量磁带记录仪等。随着仪器制造技术的发展，实时分析仪、快速傅里叶变换处理机、相关器、电子计算机以及微处理机等在噪声测量分析中得到广泛的应用，从而显著地提高了测量分析的速度和准确度。

1）声级计

声级计是最基本的噪声测量仪器。它是一种电子仪器，但又不同于电压表等客观电子仪表，是根据国际标准和国家标准按照一定的频率计权和时间计权测量声压级的仪器。

声级计有Ⅰ型声级计、Ⅱ型声级计或积分精密声级计。声级计的工作原理是由传声器将声音转换成电信号，再由前置放大器变换阻抗，使传声器与衰减器匹配。放大器将输出信号加到计权网络，对信号进行频率计权（或外接滤波器），然后再经衰减器及放大器将信号放大到一定的幅值，送到有效值检波器（或外接电平记录仪），在指示表头上给出噪声声级的数值。

2）频谱分析器

频谱分析器用来分析单位时间内完成振动的次数，是描述振动物体往复运动频繁程度的量，常用符号 f 或 v 表示，单位为 s^{-1}。其一般由带通滤波器和声级计组成。滤波器的通带宽度决定频谱分析器的类型。常用的频谱分析计有倍频带分析器、窄带分析器和恒定带宽分析器。如果对噪声进行更详细的频谱分析，就要用窄带分析器。

3）积分平均声级计

积分平均声级计是一种直接显示某一测量时间内被测噪声的时间平均声级，即等效连续声级（Leq）的仪器，通常由声级计及内置的单片计算器组成。积分平均声级计除显示Leq外，还能显示声暴露级 LAE 和测量经历时间，还可显示瞬时声级。声暴露级 LAE 是在 1 s 期间保持恒定的声级，它与实际变化的噪声在此期间内具有相同的能量。声暴露级用来评价单发噪声事件，知道了测量经历时间和此时间内的等效连续声级，就可以计算出声暴露级。积分平均声级计不仅可以测量出噪声随时间的平均值即等效连续声级，而且可以测出噪声在空间分布不均匀的平均值。只要在需要测量的空间移动积分平均声级计，就可以测量出随地点变动的噪声的空间平均值。积分平均声级计主要用于环境噪声的测量和工厂噪声测量，尤其适宜作为环境噪声超标排污收费使用。

2. 测量振动的仪器及原理

测量振动使用传感器。根据振动工具或工件的作业，工具手柄或工件手握处的 4 h 等能量频率计权振动加速度不得超过 5 m/s²。

在使用传感器时，应将局部振动测试点选在工具手柄或工件手握处附近。传感器应牢固地固定在测试点。振动测量应按正交坐标系统的 3 个轴向进行，取最大轴向的 4 h 等能量频率计权振动加速度为被测工具或工件的振动。

5.3.3　现代防治的重点

1. 技术方法

噪声污染的三要素是声源、噪声传播途径和噪声接触者，只有三者同时存在时才能构成噪声污染。因此，解决噪声污染必须从这3个部分入手。

1）从声源上控制噪声

人们通过改进机械设备的结构原理，或者提高加工工艺，提高各个零件的精度和整体组装质量，以实现从声源上控制噪声，使强噪声源变成了弱噪声源。

采煤工作面的主要噪声源为采煤机切割煤体和刮板输送机运输。从声源上降低采煤工作面噪声的主要方法有：

（1）煤体内注水可降低煤的硬度和强度，减少割煤机截割和破碎所产生的噪声。实践表明，煤体内水分增加3%，可使硬度下降0.5~1.5，煤的单轴抗压强度也随之下降，截割和破碎噪声可降低10 dB左右。

（2）采煤机选择合理的截齿、降低滚筒转速和截齿数，适当提高牵引速度，也可以降低采煤机噪声。

（3）掘进工作面可改进通风方式，尽量在保证用风需求量的同时减少局部通风机个数。

（4）检修井下各种大型机械时，采取及时增加润滑油或更换零部件等措施降低其噪声。

（5）改进爆破工艺，合理布置炮眼方位及深度，降低爆破产生的有害冲击波。

2）从噪声传播途径上控制噪声源

煤矿井下作业空间狭窄、封闭，声波较地面集中，同时巷道四壁坚硬致密，易使声波反射，使噪声对煤矿工人的危害程度进一步加剧。因此，从声源处无法有效地解决噪声问题时，应考虑从声波的传播途径入手，即在传播途径上阻断或屏蔽声波的传播，或使声波传播的能量减弱。其中包括采用隔声罩、隔声间、隔声屏等阻隔装置阻止噪声传播的隔声技术措施，还可采用吸声性能好的材料降低噪声；利用消声器来降低空气动力性噪声传播。但是由于煤矿井下的特殊性，加之还有经济、工艺等限制导致这些方法目前在煤矿领域应用都不是特别成熟。

3）矿工的个体防护

在声源和传播途径上均无法采取有效措施以达到预期效果的时候，只有从噪声的接受者来考虑。煤矿井下矿工要做好井下噪声环境中的工作人员的个人防护，如佩戴个人的防噪用品（护耳器）。这些都可不同程度地隔一部分噪声，使得声级降低到可接受水平，这也是目前煤矿采用的主要抗噪方法。

但是结合现场情况来看，佩戴防噪用品有几点值得关注：井下工人作业繁杂，佩戴防噪用品在一定程度上干扰了工人的工作；井下工作地点有的潮湿、闷热，佩戴防护用品更加剧了工人的不舒适感，有相当一部分工人因此而拒绝佩戴；影响井下有效的信息传递，如顶板噪声、车辆警报声等。因此，需要改进目前的防噪用品，使其在不影响工人工作的前提下最大限度地发挥其抗噪作用。

2. 辅助方法

煤矿应减少工人的井下工作时间，避免过长时间接触噪声；合理布置工作量，尽量避免工人加班；增加噪声接触工作者的假期时间，以使其听觉系统得到充分休息。煤矿井下噪声危害现状，必须结合矿井的行政管理，采取以下有效措施治理噪声危害。

（1）煤矿的行政管理组织应对在井下噪声环境中的工作人员严格执行定期的听力检查，并对其结果存档以便进行动态观察，随时了解井下工作人员的听力状态，及早发现及早进行治疗。

（2）煤炭企业要提高对噪声危害严重性的认识。要严格按照《职业卫生标准》等标准制度对工作场所噪声控制的要求，调查清楚本矿井的危害程度，按照要求定期开展噪声危害因素检测，并针对自身具体情况制定降噪、防噪措施。

（3）加强对工人的宣传教育，使他们的自我保护意识提高，充分认识噪声危害的严重性，增强其自我防范意识。

（4）政府部门应加大执法监督力度，严格依照《职业病防治法》等法律法规的要求，督促、配合企业切实做好噪声职业危害的防治工作。

（5）社会各界应认识到劳动保护的重要性，提高对劳动保护的认识，增加对矿井噪声危害的宣传和监督管理。

控制噪声的目的，就是要根据实际情况和可行性，用最经济的办法把噪声控制在某种合适的范围内。为了控制噪声，一般应根据噪声传播的具体情况，分别在噪声源部位、噪声传播途中或噪声接受部位采取措施。

5.3.4　防治设施和劳保用品

煤矿井下声波较地面集中，作业空间封闭、狭窄，再加上巷道四壁较为坚硬致密，很容易造成声波反射，从而对煤矿工人的危害进一步加剧。因此，如果噪声污染问题在声源处没有很好地得到解决，可以采取一定的措施从声波传播途径进行入手，也就是在传播途径上使声波传播的能量减弱。其中包括隔声间、隔声屏、隔声罩等阻隔装置达到阻止噪声传播，还可以利用消声器和吸声材料降低噪声。

1. 隔声间

隔声间是为了防止外界噪声入侵，形成局部空间安静的小室或房间。在噪声强烈的车间内建造的有良好隔声性能的小房间，以供工作人员在其中操作或观察、控制车间内各部分工作之用。

隔声间主要有两种类型。一类是由于机器体积较大，设备检修频繁，又需进行手工操作，此时只能采用一个大的房间把机器维护起来，并设置门、窗和通风管道。此类隔声间类似一个大的隔声罩，人能进入其间。另一类隔声间则是在高噪声环境中隔出一个安静的环境，以供工人观察控制机器运转或是休息用，按实际需要也是设置门、窗和通风管道。

应该注意的是，隔声间的位置应该能使得工作人员看到整个车间的生产情况。为此，可将隔声间设置在车间的角落或紧靠车间的一面墙，也可以安排在车间的中部，但须顾及隔声间内的人员出入方便，不影响车间内加工材料的流通，以及便于供电和通风。

隔声屏、隔声罩以及双层隔离窗的原理跟隔声间是一样的。

2. 消声器

消声器是允许气流通过，却又能组织或减小声音传播的一种器件，是消除空气动力性噪声的重要措施。消声器能够阻挡声波的传播，允许气流通过，是控制噪声的有效工具。

消声器种类很多，究其消声机理，可以分为6种主要的类型，即阻性消声器、抗性消声器、阻抗复合式消声器、微穿孔板消声器、小孔消声器和有源消声器。

现有的消声器大多采用阻抗复合型消声原理，由于其结构复杂、重量大、高温氧化吸声填料、高速气流冲击吸声填料、水气渗透吸声填料等原因，消声器很容易出现维修频繁、消声效果差、使用周期短等情况。微穿孔板消声器则综合了合理的消声原理，解决了上述问题，取得了良好效果。微穿孔板消声器不使用任何阻性吸声填料，采用微穿小孔多空腔结构，高压气流在消声器内经多次控流进入空腔体，逐级改变原气流的声频；阻力损失小，消声频带宽，工作时不起尘；不怕油雾、水气；耐高温、耐高速气流冲击，使环境噪声符合国家《工业企业噪声卫生标准》。

消声器的选用应根据防火、防潮、防腐、洁净度要求，安装的空间位置，噪声源频谱特性，系统自然声衰减，系统气流再生噪声，房间允许噪声级，允许压力损失，设备价格等诸多因素综合考虑并根据实际情况有所偏重。一般的情况是：消声器的消声量越大，压力损失及价格越大；消声量相同时，如果压力损失越小，消声器所占空间就越大。

3. 引风管

安装引风管，将风机出风引向消声器，以尽量降低系统阻力。连接消声器端固定，连接风机扩散端自然放置，和风机扩散器采用软连接，风机检修时不需拆卸引风管，只要打开两级间的连接法兰，拉动二级扩散器，便可实现两级分离。

5.4 有毒气体疾病防治

煤矿生产过程中存在着多种有毒有害气体，最常见的是瓦斯，此外，还有二氧化碳、二氧化硫、一氧化碳、氨气、硫化氢、氮氧化物等。由瓦斯燃烧或爆炸引起的煤矿事故占总事故的30%以上。《煤矿安全规程》中规定，矿井必须建立瓦斯、二氧化碳和其他有害气体检查制度。

检查井下环境中的爆炸性气体非常有必要。一方面，在煤层的形成过程中，某些气体主要是甲烷和乙烷聚集在煤层中，在煤层被开采的过程中，这些气体释放出来，甲烷和其他爆炸性气体与空气中的氧气混合，达到一定的比例时就会发生爆炸。为了防止爆炸危害的产生，有必要对可燃性气体进行监测。另一方面，确保井下气体中一氧化碳、氧气和二氧化碳的浓度在适当的水平，这对矿井工人和救援人员的安全至关重要。

5.4.1 有毒气体疾病防治的历史演进

研究有毒气体防治技术的发展，应该重点关注有毒气体的检测技术发展。有毒气体检测管在世界上一些发达的工业国家使用相当普遍，从品种和数量上规模都很大，并且有许多有影响的专业生产厂。其中德国德尔格公司和奥格尔公司的产品共有180多种，日本瓦斯气体技术株式会社产品有200多种，美国MSA公司的产品也有210种。

我国煤炭行业从20世纪50年代开始引进检测管技术，到60年代末期一些大专院校和科研机构部门开始正式生产检测管，随着煤炭科技进步的发展，制定了相关的国家、行业标准。到目前为止，检测管已经形成了大规模生产，得到了广泛的使用。气体检测管成为一种必不可少的环境监测的安全工具。

20世纪50年代开始，世界上许多产煤国家把煤矿安全检测技术应用到安全生产管理上，因而大大推动了各类型矿用传感器、本质型矿用生产设备以及矿用检测系统的研制开发，有效地改善了煤炭生产行业的生产安全状况。

第一代煤矿环境检测系统。其最有代表性的是 20 世纪 60 年代中期法国的 CTT63/40 型，波兰的 CMM－20 型、CMC－1 型煤矿环境监测系统，它的特点是信息传输靠空分制，也就是一个测点用一对电缆芯线来传输。

第二代煤矿监控系统。其主要特征是频分制传输，也就是采用频率划分信道。这样传输信道电缆芯线大大减少，最有代表性的是西德 H＋F 公司的 TF200 系统。

第三代煤矿监控系统。随着大规模集成电路的出现，以时分制传输和分布式微处理器技术为标志的第三代煤矿监控系统相继出现，最有代表性的是英国 MINOS 型、美国 DAN6400 型煤矿监控系统。由于时分制系统具有通信规程比较严格、抗干扰能力强、2 芯线传输与测点数无关、结构简洁及配置灵活等许多优点，使煤矿监控技术的发展上了一个大台阶。

第四代煤矿监控系统。随着计算机技术、数字通信技术、网络技术和自动化技术的飞速发展，煤矿监控技术也在不断提高，以开放性、集约化和网络化为技术特征的第四代煤矿监控系统逐渐涌现，最有代表性的是加拿大森透里昂 600 型煤矿监控系统。

第五代人工智能和数据库技术的煤矿安全远程监测监控信息系统。随着技术的发展，人工智能和数据库技术的煤矿安全远程监测监控信息系统解决方案诞生，它将数据库、数据通信等技术融合，成功实现了远程实时数据采集终端、数据库存储、组态控制、大型门户集成平台、超常延时免充后备电源系统等全套解决方案，可以实时采集煤矿井下传感器上的原始数据，动态监控，在线提供远程报警信息，初步实现了危险源的在线监测和事故隐患的动态跟踪。该系统为建立多级煤矿生产安全预警体系提供了一种预防性的煤矿安全生产监察手段。

20 世纪 90 年代，在我国，煤炭工业部提出了"一通三防"的方案。"一通三防"是对煤矿安全生产中的矿井通风、防治瓦斯、防治煤尘、防灭火的技术管理工作的简称。到了 2006 年，煤炭工业部提出关于加强"一通三防"管理工作的通知；提出采掘工作面风量必须按照瓦斯涌出量计算，按照工作面气候条件和风速进行校验，取其最大值。风量计算系数和瓦斯涌出量的取值必须有理有据，合理可靠。凡是采掘工作面、采区以及矿井风量不足的必须停产整顿；必须按照《矿井瓦斯抽放管理规范》做好瓦斯抽放工作。高、突矿井必须严格执行先抽放后采掘的规定，凡是未进行瓦斯抽放或未开采解放层的煤与瓦斯突出煤层，一律不准生产。凡采掘工作面回风流瓦斯浓度经常处于临界状态、时常超限的，必须采取先抽后采、先抽后掘的措施，保证风流中瓦斯浓度符合规定时才能恢复生产；高、突矿井采掘工作面未按《矿井通风安全监测装置使用管理规定》设置瓦斯监控断电装置而实现瓦斯超限时自动报警、自动断电的，必须停产整顿；有煤与瓦斯突出危险的矿井，必须认真执行《防治煤与瓦斯突出细则》，认真落实"四位一体"的防突措施，认真抓好瓦斯地质和地质构造探测工作，否则必须停产整顿；加强瓦斯检查工作，严禁空班漏检、弄虚作假；凡瓦斯检查制度不落实的矿井或采掘工作面，必须停产整顿。

近些年来，我国许多煤矿逐步进入深部开采。深部矿井复杂的应力、瓦斯和构造环境，对高瓦斯和突出矿井的瓦斯治理水平提出了更高的要求。许多学者在矿井瓦斯治理精细化管理方面开展了一系列研究和探讨，取得了一些研究成果，为矿井瓦斯治理提供了新的方向。针对矿井在瓦斯抽采达标难度较大，效果不佳，浓度较低等问题，矿井开展了瓦斯抽采与打钻精细化管理，以提高瓦斯抽采效果，实现矿井瓦斯治理水平的快速提升。

5.4.2 检测仪器及原理

传统的用于检测气体的传感器其监测原理为通过监测传感器的电阻或电容变化来测定气体浓度，存在的致命弱点为灵敏度低、抗干扰能力差。由于光纤气体传感器具有灵敏度高、响应速度快、动态范围大、防电磁干扰、防燃防爆、不易中毒等特点，也能实现远距离数据采集及监控。因此，研究基于非分光红外的井下多组分气体光纤传感器，对于煤矿安全生产环境监测具有十分重要的意义。

1. 基本原理

在 $2 \sim 14.5$ μm 的红外吸收光谱范围内，物质对红外辐射的吸收是有选择性的。当红外辐射通过被测气体时，分子吸收光能量，吸收关系遵循朗伯 – 比尔（Lamber – Beer）定律。如果气体吸收谱线在入射光谱范围内，那么光通过气体以后，在相应谱线处会发生光强的衰减。

在实际应用中，基本方法是通过用化学分析的方法首先确定并实现已知浓度的标准气体的测量，得到一系列的标定值，由标定值对装置中的待测值修正，并由此来拟得待测气体的浓度的关系曲线。

直接吸收法的基本原理是从光源射出的红外辐射直接经过充有待检测气体的气室，用光电探测器来检测光强的强弱变化。

当气室里面没有充入被检测气时，光源光线照射到光电探测器后输出的光强；而充入对光源发出的红外光有吸收作用的被测气体后，光电探测器输出的光强对比和的差异，就能够反映出被测气体的浓度信息。

2. 检测管法

有毒气体检测管是一种内部充填化学试剂显色指示粉的小玻璃管，一般选用内径为 $2 \sim 6$ mm、长度为 $120 \sim 180$ mm 的无碱细玻璃管。指示粉为吸附有化学试剂的多孔固体细颗粒，每种化学试剂通常只对一种化合物或一组化合物有特效。当被测空气通过检测管时，空气中含有欲测的有毒气体便和管内的指示粉迅速发生化学反应，并显示出颜色。管壁上标有刻度，根据变色环（柱）部位所示的刻度位置就可以定量或半定量地读出污染物的浓度值。

3. 便携式分析仪器测定法（防爆型）

便携式分析仪器是利用有害物质的热学、光学、电化学、气象色谱学等特点设计的能在现场测定某种或某类有害物质的仪器，如一氧化碳红外线检测仪，一氧化碳定电位电解式检测仪，硫化氢、一氧化碳库仑检测仪，一氧化碳固定热传导式检测仪等。

1）单一气体检测仪

单一气体检测仪适用于矿山、石化、电力、电信、市政等多种场合，国内外多家公司均有生产。有些仪器仅能测定一种气体，如便携式硫化氢分析仪、便携式一氧化碳分析仪等。还有些仪器虽然一次只能检测一种气体，但因具备插入式可更换电化学传感器，可分别检测多种气体。

2）多种气体检测仪

多种气体检测仪可同时检测多种气体，适用于化工、农业、消防、市政、电信、危险品处置、油气开发、建筑施工等多种工业领域。如法国德奥姆公司的 MX2100 多种气体检测仪可检测 30 多种可燃气体及实际中有毒气体，它具有 4 个检测通道，最多可同时检测 1~5 种气体。

5.4.3　现代防治的重点

我国的煤矿中毒事故频发，形势不容乐观。有害气体的污染和侵害不仅影响了矿山的正常生产，更是危害了井下工人的生命安全，给矿工的家庭带来了巨大的伤害。这里从两个方面讲述针对有害气体的防范措施，包括国家法律法规和技术措施。

1. 符合安全规程和规范要求

《高危粉尘作业与高毒作业职业卫生管理条例》第一章总则第二条介绍了高毒作业的概念，即用人单位的劳动者在职业活动中接触高毒物品且发生职业中毒风险较高的作业。第三章高毒作业管理第十五条规定了有效控制毒物危害的综合性防毒措施，如下：

（1）对毒物发生源实施密闭或排风净化。

（2）高毒作业与其他作业隔离。

（3）将劳动者与高毒作业环境隔离。

（4）高毒作业点设置局部排风或者混合通风装置。

除此之外，用人单位应当建立职业病防护设施的管理制度与设备台账，加强日常检查与维护。每年至少进行一次防护效果检测。如果需要进入存在高毒物品的设备、容器或者狭窄封闭场所等密闭空间作业时，用人单位应当采取下列综合措施：

（1）制定和实施密闭空间作业准入程序、安全操作规程以及应急救援预案。

（2）作业之前实施密闭空间职业病危害因素的识别与检测，并设置警示标识。

（3）设置现场作业准入人员、作业负责人员与作业监护人员，并按要求对其进行培训。

（4）提供符合要求的监测、通风、通信、个人使用的职业病防护用品、照明、安全进出以及应急救援和其他必需的设施设备，并保证所有设施设备的正常运行和劳动者能够正常使用。

未采取前款规定措施或者采取的措施不符合要求的，用人单位不得安排劳动者进入存在高毒物品的设备、容器或者狭窄封闭场所等密闭空间进行作业。

2. 技术措施

预防和减少事故的发生就必须消除物的不安全状态和人的不安全行为，弥补管理中的不足。为了防止炮烟中毒事故的发生，可以从以下 4 个方面入手。

1）减少有毒气体的生成量

（1）合理选择炸药类型。根据掘进面的实际情况选择炸药种类，如工作面积水多时，选用抗水性炸药，保证其爆轰稳定而减少有毒气体的生成量。

（2）控制一次起爆量。有毒气体产生量与炸药气爆量成正比，控制起爆量，可以有效地降低有毒气体的生产量。

（3）使用可靠的起爆器材。使用质量可靠的雷管、导爆索、导爆管等起爆器材，避免炸药的半爆和爆燃。

（4）严格控制炸药的包装材料重量。炸药的外包装一般使用蜡涂壳或者塑料，爆炸时能够消耗炸药中的氧，产生较多一氧化碳。

（5）保证炮孔堵塞长度和堵塞质量。良好的炮孔堵塞长度和堵塞质量，会使爆炸时炮孔中保持高温高压的状态，有利于爆炸反应的充分进行，减少了有毒气体生成量。

（6）采用更好的起爆方式。如采用孔底起爆技术，间接地起到了增加炮孔堵塞长度的效果，使得炸药反应程度增加，减少有毒气体量的产生。

（7）采用水封爆破或者爆破喷雾。炸药爆炸时形成的高温高压环境，会促使水雾与一氧化碳反应生成二氧化碳和氢气。水雾还能吸收二氧化氮和硫化氢，减少了煤矿井下环境中有毒气体。

2）加快有毒气体的排除

（1）加大通风量的保证。增加通风量，可以加快有毒气体稀释到安全浓度以下，确保了煤矿井下环境的安全，强化煤矿"一通三防"。

（2）选择合理的通风方式。压入式通风有效射程大，通风效果更好，但有毒有害气体会污染整个巷道；抽出式通风有效吸程短，通风效果差，但污风会通过风筒排出巷道外，避免了污染整个巷道。选择混合式通风（如长压短抽），可以加快有毒气体的排除。

（3）及时跟进风筒。随着掘进面的推进，及时跟进布置风筒，保证良好通风效果。

（4）洒水作业。爆炸后形成的爆堆中，截留大量有毒气体而且滞留时间较长。通过洒水作业，加快一氧化碳的排出，水还能吸收二氧化氮、硫化氢等，减少了有毒气体的扩散。

（5）优化通风系统。加强掘进工作面及盲巷天井等地点的通风和爆破管理，开凿通风天井，缩短回风流的距离，加快炮烟的排出。优化回风线路，使污风流尽快进入回风大巷；对多并列巷道掘进，可通过集中回风石门，加快污风流的排出。

3）消除爆破作业中人的不安全行为

（1）爆破作业人员必须严格按时间爆破，其他作业人员必须在规定爆破时间内撤离危险区域。

（2）入井人员必须随身携带过滤式自救器，并确认自救器完好。

（3）严禁工人随意进入炮烟浓度超标的地方，没有经过气体检验并确认安全的地方不得进入工作。

（4）禁止"三违"行为，工人不得过度疲劳工作或者带病工作。

（5）进入爆破面中检炮时，至少要有3人以上并保持良好联络。当发现有工人炮烟中毒，必须先及时向上级报告，不可擅自进入危险区施救。

4）加强安全管理

（1）加强通风管理，保证掘进作业期间局部通风机的正常工作，确保风流正常流动，实现炮烟监测预警，为班组配备便携式气体检测报警仪，建立有毒有害气体在线监测系统，做好炸药的运输和贮存管理，防止炸药防潮、变质。加强爆破作业中安全行为管理，确保作业人员在撤离危险区域后再进行爆破作业。

（2）加强爆破人员技术培训，提高爆破人员的素质以及防范意识；加强安全教育培训，提高井下人员的安全需求意识和心理素质。

（3）实现奖惩考核制度，对矿山安全工作作出改进、提出重要建议并取得显著效果、及时发现作业中存在重大隐患并排除等行为给予奖励；若发现"三违"行为，必须予以警告或者惩罚，造成严重后果者还要追究其刑事责任。

（4）矿山必须设有专门的应急救援指挥机构，并定期进行事故应急响应演练，保证事故一旦发生应急救援能够立即响应。

（5）对于已经发生的炮烟中毒事故，要做到"四不放过"。

5.4.4 防治设施和劳保用品

1. 防治设施

我国《高危粉尘作业与高毒作业职业卫生管理条例》针对有毒气体的防治设施的规定，在第三章第二十条规定：对从事高毒作业可能发生急性职业损伤的工作场所，用人单位应当根据毒物的理化特性与危害特点，设置下列预警和应急救援设施。

（1）设置高毒物质监测报警装置，并为进入该类工作场所的作业人员配备个人携带的监测报警仪器。

（2）设置现场急救用品、冲洗设施，并在醒目位置设置清晰的标识。

（3）设置应急撤离通道与风向标。

（4）设置必要的泄险区。

在可能突然泄漏大量有毒物质或易造成急性中毒的工作场所，用人单位除遵守本条第一款规定外，还应当设置应急切断装置、事故排风系统以及与事故排风系统相连锁的泄漏报警装置等应急救援设施。

用人单位应急救援设施的设置及其性能应满足相关技术标准的要求，并对应急救援设施进行经常性的定期检查和维护，确保其处于正常状态，不得擅自拆除或者停止使用。

2. 救护设施

为了保证煤矿员工出现中毒现象之后在第一时间得到抢救，必须准备氧气呼吸器、矿山救护通信设备、冰冷防热服、氧气充填泵、寻人仪、定位器、微速风表、甲烷传感器、便携式瓦检仪、一氧化碳传感器等救护装备。《煤矿安全规程》中也规定："入井人员必须随身携带自救器"。

对于流动性较大，可能会遇到各种灾难威胁的人员应选用隔离式自救器；在有煤与瓦斯突出矿井或突出区域的采掘工作面，应选用隔离式自救器。其余情况下，一般应选用过滤式自救器。

5.5 瓦斯防治

5.5.1 瓦斯防治的历史演进

瓦斯灾害事故防治是煤矿安全工作的重中之重。我国煤矿自然条件差，地质条件复杂。我国大陆是由众多小型地块多幕次汇聚形成的，主要煤田经受了多期次、多方向、强度较大的改造，造成煤田地质条件复杂，煤层普遍具有低渗透率，这一特点决定了我国煤矿原始煤层抽采瓦斯的难度很大。随着煤炭工业的技术进步，我国的瓦斯抽放技术也得到了不断提高和发展。我国的煤矿瓦斯（煤层气）抽放技术大致经历了以下4个阶段。

1. 高透气性煤层抽放瓦斯阶段

20世纪50年代初期，在抚顺高透气性特厚煤层中首次采用井下钻孔抽放瓦斯，获得了成功，解决了抚顺矿区高瓦斯特厚煤层开采的关键技术问题。在煤层透气性远远小于抚顺煤田的其他矿区采用类似的方法抽放瓦斯时，未能取得抚顺矿区的抽放效果。

2. 邻近层抽放瓦斯阶段

20世纪50年代末，采用井下穿层钻孔抽放上邻近层瓦斯在阳泉矿区获得成功，解决了煤层群开采首采煤层工作面瓦斯涌出量大的问题，且认识到利用采动卸压作用对未开采的邻近煤层实施边采边抽，可以有效地抽出瓦斯，减少邻近层瓦斯向开采层工作面涌出。该技术在具有邻近层抽放条件的矿区得到广泛应用，取得了较好的抽放效果。

3. 低透气性煤层强化抽放瓦斯阶段

我国70%以上的高瓦斯矿井的煤层为低透气性，煤层的渗透性系数小于1×10^{-3} mD。在低透气性高瓦斯和突出煤层，采用常规钻孔抽放瓦斯技术效果不理想。为此，从20世纪70年代开始，国内试验研究了煤层中高压注水、水力压裂、水力割缝、松动爆破、大直径钻孔多种强化抽放技术；90年代又试验研究了网格式密集布孔、预裂控制爆破、交叉布孔等抽放新技术。网格式密集布孔在煤矿得到了应用，但多数方法因存在工艺复杂、实用性差等问题，在煤矿未能得到广泛应用。

4. 综合抽放瓦斯阶段

20世纪80年代开始，随着机采、综采，尤其是放顶煤采煤技术的应用，采掘速度加快、开采强度增大，工作面瓦斯涌出量大幅度增加。为了解决高产、高效工作面瓦斯涌出问题，开始实施综合抽放瓦斯，即在时间上，将预抽、边采边抽及采空区抽放相结合；在空间上，将开采层、邻近层和围岩抽放相结合；在工艺方式上，将钻孔抽放与巷道抽放相结合，井下抽放与地面钻孔抽放相结合，常规抽放与强化抽放相结合。实施综合抽放瓦斯方法，最大限度提高瓦斯抽放效果。

5.5.2 检测仪器及原理

在煤矿的开采中，煤层中往往会涌出矿井瓦斯，当瓦斯体积占空气的5%～15%时，遇明火就会发生爆炸，给矿井带来隐患。瓦斯传感器主要是监测矿井瓦斯情况，其布置必须严格遵照《煤矿安全规程》有关规定。

瓦斯传感器的一般工作原理为：瓦斯传感器产生的低电压信号，需通过放大器放大，再经信号调理电路、A/D转换器，由单片机进行运算、处理，驱动发光数码管显示甲烷的浓度。同时经D/A转换，所检测的甲烷浓度值也被转换成相应的电流量和频率量信号，由电缆传输给关联设备。

1. 常用煤矿瓦斯传感器

检测气体的成分有许多方法，但从装置和价格方面来看，常用的有接触燃烧气敏法、半导体气敏法和光干涉法。

1）接触燃烧气敏法

接触燃烧气敏法是利用甲烷在催化元件表面燃烧时，元件温度升高引起铂丝电阻变化，由电阻和瓦斯浓度线性关系瓦斯浓度。

这种传感器的优点是：在一定范围内（一般不超过4%）输出的电信号与瓦斯浓度成正比，灵敏度高，受温度和潮湿度影响小，价格低。其缺点是：测量范围小，催化元件寿命短（一般为1年），易受硫化物、卤化物、硅氧基化合物等物质的中毒影响和高浓度瓦斯激活，使用一段时间后，零点产生漂移，灵敏度下降，因此每隔一段时间就要用标准气体进行零点和灵敏度的校正。同时，煤矿环境中高粉尘、高湿度的环境加速了催化传感器的老化，严重制约着对瓦斯的有效、准确检测。

2）半导体气敏法

半导体气敏法是以氧化物半导体为基本吸附材料，使甲烷吸附氧化时引起其电学特性如电导率发生变化，用以检测瓦斯浓度。主要氧化物半导体材料有氧化锡、氧化锌、氧化钛、氧化钴、氧化镁等。相对其他类型的甲烷传感器，氧化物半导体传感器成本很低，人们更热衷于对其研究，根据半导体变化的物理性质可以分为电阻式和非电阻式两种。

总的来说，目前对敏感材料的研究存在的主要问题是难以同时满足灵敏度高、选择性好、稳定性好、工作温度常温化、能耗低、响应恢复时间短。

3）光干涉法

采用光干涉法，可以测定甲烷、二氧化碳以及某些其他气体的浓度。光干涉瓦检仪是利用光在不同空气中的折射率不同的光学原理，通过测量不同瓦斯含量的空气与不含瓦斯空气的折射率的变化来确定瓦斯浓度。

2. 新型煤矿瓦斯传感器

1）红外光谱法

红外光谱法基于不同化合物在光谱作用下由于振动和旋转变化表现不同的吸收峰，测量吸收光谱可知气体类型，测量吸收强度可知气体浓度。每种气体都有自己的吸收光谱。红外甲烷传感器应用的是甲烷气体在光波波长 $3.33~\mu m$ 处有一个极强的吸收峰，而杂质气体在此处无明显吸收，从而达到测量的目的。

可以说，红外甲烷传感器在煤矿中的使用，标志着甲烷传感器的更新换代，解决了现有矿用瓦斯检测传感器存在响应速度慢、选择性差、测量精度低、受硫化氢气体的干扰大、高浓度瓦斯易造成中毒而无法恢复，使用寿命短，标定周期短的缺陷。

2）光纤法

光纤气体检测技术是一种以光信号为载体、以光纤为信号传输通道的高灵敏度的气体检测技术。对于光纤甲烷检测技术，一个重要的遥测甲烷的方法是测量它的吸收谱，差分吸收技术和波长调制技术增加了其可操作性，现在大部分的努力在于提高灵敏度上。

吸收原理表现在，被测气体的吸收过程中，不同的气体物质有不同的吸收峰带，即由于分子结构和能量分布的差异各显示出不同的吸收谱，它决定了气体光吸收测量法的选择性、鉴别性和气体浓度的唯一确定性。

3）气相色谱法

气相色谱法是一种分离分析检测瓦斯浓度的方法。色谱分析要求对污染气体进行采样、处理、难以进行实时探测分析。

气相色谱法具有高效能、高选择性、高灵敏度、分析速度快、应用范围广等优点，但其仪器笨重，难以进行实时、在线观测。

5.5.3 现代防治的重点

随着煤炭不断的开采，发展趋势为中深矿井数量明显增加，深矿井数量将成倍增加；高瓦斯和煤与瓦斯突出的矿井也将逐渐增多；而随着埋藏深度的增加，煤层的气体渗滤性能将要变差，煤层的透气性也较差。由于我国瓦斯煤层的低透气性，地面钻井抽采和煤矿井下原始煤体瓦斯抽放都比较困难，为了提高瓦斯的抽放效果，必须促进煤层裂隙发育，以增加煤层的透气性。研究表明，影响煤层透气性的因素主要有地应力、瓦斯压力、煤体对瓦斯的吸附性、煤体结构（主要是煤体中原生及次生裂隙的发育程度）以及煤体的力学性质等。

由于我国煤矿含瓦斯煤的特性、顶底板条件、构造断层等条件的限制影响，大部分高瓦斯矿区煤层具有低透气性、可压密性和易流变性的"三性"特征。

《煤矿安全规程》第十三条对入井条件提出了严格的要求："入井（场）人员必须戴安全帽等个体防护用品，穿带有反光标识的工作服。入井（场）严禁饮酒。煤矿必须建立入井检身制度和出入井人员清点制度；必须掌握井下人员数量、位置等实时信息。入井人员必须随身携带自救器、标识卡和矿灯，严禁携带烟草和点火物品，严禁穿化纤衣服。"

目前，我国煤矿瓦斯的主要治理技术是煤层瓦斯含量与涌出量的预测、矿井通风、矿井瓦斯抽放和"四位一体"的综合防突措施，具体为以下几个方面。

1. 瓦斯抽放

瓦斯抽放是减少瓦斯涌出的一种最有效的途径，每个煤矿的地质情况都不尽相同，应根据实际情况采取井下抽放和地面抽放相结合的策略，实现一种立体化、多元化的抽放，最大限度地提高瓦斯抽放量和瓦斯抽放率。常用钻孔抽放与巷道抽放相结合、井下抽放与地面钻孔抽放相结合、常规抽放与强化抽放相结合、垂直短钻孔抽放与水平长钻孔抽放相结合等技术措施。我国煤矿井下抽放瓦斯虽有数十年历史，但抽出率很低，不足30%。多年来，注重瓦斯监测和排放的研究，而对其抽采和应用的研究较少。

2. 建立完善的通风系统

通风是煤矿瓦斯治理的基础性工作，是矿井安全生产的生命线，矿井通风管理是煤矿安全生产的重中之重，因此，完善的通风系统是实现矿井高产高效的先决条件。矿井通风系统要独立、稳定、可靠，采掘工作面要确保足够的新鲜空气，这样瓦斯才能不积聚、不超限，瓦斯事故才能够被扼杀在萌芽之中。系统合理、设施可靠、空气充足、风流稳定，保持良好通风，可以有效地控制矿井中瓦斯浓度，使其掌握在要求的标准浓度之下，这样才能达到本质上的安全可靠。在操作层面，可以优化通风系统降低通风的阻力，进行系统可靠性的评价，提高通风能力等。煤炭企业应当严格地遵守国家相关安全生产法律法规，建立、健全完善的矿井通风系统，完善监测监控系统，实情上传监控数据。

3. 加强突出危险性预测

煤与瓦斯突出矿井和高瓦斯矿井应按规定测定煤层瓦斯压力、瓦斯含量及其他与突出危险性相关的参数，建立矿井瓦斯基础资料数据库，编制矿井瓦斯地质图。有条件的煤矿应积极开展突出敏感指标及其临界值考察工作，建立科学合理、适合矿井实际的煤与瓦斯突出预测预报指标体系。

4. 瓦斯检查管理工作

从思想上深刻认识瓦斯治理的重要性，把安全放在首位，提升瓦斯治理的理念，完善防突机构，落实防突责任。煤与瓦斯突出矿井和有煤与瓦斯突出矿井的煤炭企业，必须设置满足防突工作需要的防突、抽采等专业机构，配备完善的瓦斯在线监测监控系统；进一步完善各工种岗位责任制及管理制度，并严格执行，其中包括各工种岗位责任制，工种操作规程，矿领导对瓦斯日报审批签字制度、瓦斯检查制度、瓦斯员现场交接班制度、通风设施管理制度、局部通风管理制度、防灭火管理制度、机电设备维修管理制度、瓦斯检定器定期检查维修制度、爆破材料管理制度、瓦斯管理制度等。

另外，对于管理工作还有几点需要注意：①提高煤炭企业管理人员对瓦斯危害性的认识；②抓好四项管理工作，加强矿井瓦斯抽采的管理；③加强"一通三防"的管理；④加强瓦斯监测监控的管理；⑤加强员工培训，建设一支高素质的队伍。要不断地学习和对员工进行培训，提高每个职工对瓦斯的认识，更要普及对瓦斯的危险性认识，熟练掌握瓦斯的物理化学性质及其爆炸的条件，从而树立正确的安全指导思想，正确处理安全与生产两者之间的关系，坚持安全第一的理念，优化矿井布局，在确保安全的前提下合理组织生产。

5. 建立完善的监控系统

大力推行井下安全紧急避险"六大系统"建设。煤炭企业必须按照有关规定，建立完善设施完备、系统可靠、管理到位、运转有序的煤矿监测监控、人员定位、压风自救、供水施救、通信联络和紧急避险系统等井下安全避险"六大系统"。切实提高安全防护水平，采用先进技术，建成集数据、视频、语音于一体的综合信息网络平台。充分利用瓦斯监测监控系统，按规定设置瓦斯监测监控探测器，确保各监测监控地点的瓦斯探头设置合理、灵敏可靠，起到其应有作用，作业人员按规定配齐、使用瓦斯报警便携仪。

5.5.4　防治设施和劳保用品

为了最大限度地避免开采人员的安全，矿井必须装备必要的防治设施，如氧气呼吸器、矿山救护通信设备、冰冷防热服、氧气充填泵、寻人仪、定位器、微速风表、甲烷传感器、便携式瓦检仪、一氧化碳传感器等。

5.6　煤矿职业病疾控机构

5.6.1　建立煤矿职业病疾控机构的必要性

《职业病防治法》第五条规定，"用人单位应当建立、健全职业病防治责任制，加强对职业病防治的管理，提高职业病防治水平，对本单位产生的职业病危害承担责任。"制定由本单位法定代表人（或负责人）总负责、部门分工负责和岗位各负其责的责任体系和责任保证制度。同时要注意处理好以下问题：

（1）要根据《职业病防治法》的立法宗旨，正确处理职业病防治责任制与经济责任制的关系，以保护劳动者健康及相关权益为目标，落实职业病防治工作管理人员、工作人员的责、权、利，力戒形式主义。

（2）以责定权，以控制效果定奖，体现奖优罚劣的原则。落实职业病防治责任制，用人单位可以采取适当的经济手段，同职业病防治管理人员、工作人员的经济利益挂钩。

（3）明确组织结构及其职责。无论是集体责任制，还是个人责任制都要根据职业病防治目标与计划，明确职责范围、基本任务、工作标准、实施程序、协作要求和奖罚办法等内容。

（4）指标分解和考核要有针对性。分解和考核指标时，应该抓住影响职业病防治控制效果的关键，达到责任指标化、考核数据化、分配差额化。

5.6.2 煤矿职业病防治机构具备的条件

（1）持有医疗机构执业许可证。

（2）具有与开展职业病诊断相适应的医疗卫生技术人员。

（3）具有与开展职业病诊断相适应的仪器、设备。

（4）具有健全的职业病诊断质量管理制度。

企业为了贯彻执行《职业病防治法》，体现"预防为主"的方针，从而有效地预防、控制和消除职业病危害，达到防治职业病，改善劳动条件，保护职工的身体健康及合法权益、促进安全生产的目的，必须在本单位建立煤矿职业病疾控机构。

5.6.3 煤矿职业病疾控机构职责

按照《职业病防治法》第十五条的规定，积极做好工作场所的卫生防护工作，使工作场所符合下列职业卫生要求：

（1）职业病危害因素的强度或者浓度符合国家职业卫生标准。

（2）有与职业病危害防护相适应的设施。

（3）生产布局合理，符合有害与无害作业分开的原则。

（4）有配套的更衣间、洗浴间、孕妇休息间等卫生设施。

（5）设备、工具、用具等设施符合保护劳动者生理、心理健康的要求。

（6）法律、行政法规和国务院卫生行政部门关于保护劳动者健康的其他要求。

根据《职业病防治法》第二十条规定的内容，建立或完善职业卫生防治管理措施：

（1）设置或者指定职业卫生管理机构或者组织，配备专职或者兼职的职业卫生专业人员，负责本单位的职业病防治工作。

（2）制定职业病防治计划和实施方案。

（3）建立、健全职业卫生管理制度和操作规程。

（4）建立、健全职业卫生档案。内容包括全矿职工人数、男女职工人数、从事接触职业病危害因素作业的男女人数、患各种职业病人数，全矿存在的职业病危害因素的种类数、职业病危害因素作业点数、各职业病危害因素作业点的浓度或强度及评价，各种职业卫生防护设施设备的名称、数量、运行状况、防护效果及对存在问题的治理，个人防护用品的种类、发放数量、是否有职业卫生检验报告书、实际佩戴情况等。

（5）建立、健全劳动者健康监护档案。内容包括劳动者职业史、既往史和职业病危害接触史，相应作业场所职业病危害因素监测结果，职业健康检查结果及处理情况，职业病诊疗等劳动者健康资料等。

（6）建立、健全工作场所职业病危害因素监测及检测评价。危害因素监测内容包括用人单位由专人负责的职业病危害因素日常监测，并确保监测系统处于正常运行状态。检测评价内容包括定期检测、评价必须由取得省级卫生行政部门资质认证的职业卫生技术服务机构承担等制度。另外，还需要建立职业健康监护制度，使本单位的职业健康监护工作严格按规范管理，使其制度化（依据为《职业健康监护管理办法》，内容包括上岗前、在岗期间、离岗时的健康体检和职业健康监护档案）。

（7）建立、健全职业病危害事故应急救援预案。内容包括救援组织、机构和人员职责、应急措施、人员撤离路线和疏散方法、财产保护对策、事故报告途径和方式、预警设施、应急防护用品及使用指南、医疗救护等。

5.6.4　加强煤矿职业病疾控管理

1. 建立、健全职业病防治领导机构和管理制度

煤炭企业必须坚持以人为本，强化职业病防治工作的主体责任，加强组织领导，逐级明确工作职责，按《职业病防治法》的规定建立、健全职业卫生管理机构或组织，配备专兼职职业卫生专业人员；建立、健全作业场所职业卫生工作责任制和管理制度；制定作业场所职业卫生工作计划和实施方案；建立、健全作业场所职业病危害因素监测及评价制度；建立、健全职业危害事故应急救援预案；建立、健全安全生产管理人员、作业人员的职业卫生培训制度。

2. 建立、健全职业卫生监察技术支撑体系

各级煤监部门要高度重视煤矿职业病危害防治工作，进一步加强职业卫生监察组织机构和队伍建设，要明确分管领导，建立工作机制，将职业卫生纳入安全生产总体目标管理。要充分发挥现有职业卫生技术服务机构的作用，加大对职业危害监管和技术支撑工作的投入，保障监管经费，形成完整的职业卫生技术支撑体系，为煤矿的监察执法和职业病危害事故调查处理提供科学依据。

3. 建立、健全职业健康监护档案管理体系

职业健康监护档案应当包括粉尘监测、防尘措施和健康检查3部分内容。职业健康监护档案应由煤炭企业建立，并按规定期限妥善保存；除 X 射线片资料外，还应设有健康卡片、逐次诊断登记本和索引卡；并且要逐步推行微机化管理，以便快捷、方便、准确地查找；职业健康监护档案应设专人严格管理；从业人员有权查阅、复印本人的职业健康监护档案的有关内容。

要制定职业健康监护档案室从业人员健康变化与职业危害因素关系的客观记录。它既是诊断职业病的重要依据，又是分析防治职业病的措施是否科学合理的原始资料。所以，通过职业健康监护档案可以客观地评价煤炭企业防治职业病的效果，也可以找出防治职业危害因素的规律。

6　煤矿井下职业健康典型案例

6.1　尘肺病典型案例

本案例节选于《唐山市古冶区林西煤矿尘肺预防研究》。

6.1.1　矿井概况

林西煤矿属于开滦集团的子公司，位于唐山市古冶区林西路，距离唐山市区约 30 km。林西煤矿始建于 1879 年，1889 年移交生产，1902 年正式投入生产。1957—1959 年，对矿井进行了改扩建工程，矿井设计生产能力达到 230×10^4 t/a。2005 年，核定生产能力 120×10^4 t/a，矿井服务年限 20 年。2006 年，核定生产能力 115×10^4 t/a，国家批复生产能力 100×10^4 t/a。矿区东与广信公司接壤，西和昌家蛇矿业分公司毗邻，北同赵各庄矿业有限公司相连，南至北安各庄。矿区走向长度约 8.2 km，倾斜宽度 4.0 km，批准的矿区面积为 32.8739 km^2。已开采至 11 水平。

6.1.2　尘肺病患病情况

粉尘、煤尘问题一直是矿山普遍存在且长期存在的问题，是目前矿山产生职业病人数最多的危害，且一旦患上尘肺病，对个人造成的损害都很大，对个人、对单位都会造成较大的精神及经济影响。林西煤矿每个区队都有不同程度的患者，尤其是长期从事井下作业的有着十几年以上工龄的老工人，都有一定程度的尘肺病，只是患病程度不同而已。

在实际的调查中发现林西煤矿患尘肺病人数较多，只是患病程度的轻重不同，这其中不仅仅是工人，管理人员工龄较长的人员也有患病者，且程度较重。集中表现为咳嗽、痰多、气短，其中一部分人经鉴定为已患尘肺病，还有相当多的一部分人因为程度较轻，还没有检查出来。虽然每年矿山都逐人依次去医院体检，重点检查尘肺病，但当地卫生院的医疗设备落后陈旧，无法达到预期检查效果。

通过调查发现，年纪越小对尘肺病患病条件及患病危害的了解就越深，所以自我保护做得也相对较好，一般受粉尘、煤尘影响较小。年龄大些的少数工人（超过 48 岁）对尘肺病的概念较为模糊，态度也较麻木不在乎，所以是已确定患病人群的主要人员。通过对已患尘肺病的人群调查发现，他们其中的个别人员患尘肺病的速度相当快，最快的一个人一年多就患病且较为严重。通过对他的访问了解到此人在下井作业的时候完全不开机头降尘喷雾，且因嫌天气热戴口罩不舒服从来不佩戴单位统一发放的 3M 防尘口罩。因迎风不开喷雾煤尘大，他又麻痹大意，很快就患上了尘肺病。而通过对其区队的管技人员调查发现，此人已被告诫多次注意防尘且还因不开降尘喷雾、不佩戴口罩而被记"三违"罚款，但此人仍不在意，故患上了尘肺病。井下劳动工人中此类人很多，是尘肺病的极易患病人群。

林西煤矿本次被调查的人员（90% 为工人）对职业病的健康和危害及自我保护措施

重视程度不够，部分员工已经确诊患有尘肺，工人患职业病的程度略高于其他地区的煤矿和全国平均水平。尽管职业病尤其是尘肺病对矿山工人的伤害较大，但依然没有引起煤矿工人的重视。经过培训，提高煤矿工人对尘肺病的认知和重视程度，能够预防职业病，降低社会、公司乃至个人的损失。经过培训，可提高煤矿工作的健康意识、自我防护意识，促使煤矿工人更自觉地保护自己的健康，并积极主动地采取有效措施来预防尘肺病的发生。

经了解，林西煤矿大部分尘肺病表现明显的人虽然都已到鉴定部门进行确诊，但其卫生部门只能对患病表现明显的尘肺、砂肺进行确诊，并无法得到良好的治疗，说明该矿区卫生部门服务设备较差，医疗设备比较简陋。林西煤矿对已经鉴定认定为是尘肺病的人员都已采取放假、提供治疗地点及解决费用等措施，并且派专人进行陪护照顾，将具体病情及治疗情况及时通知给病人及家属，力求使病人减小损失，得到合理有效的治疗。

6.1.3 尘肺病的预防

至今尚未有消除尘肺病变的办法，关键在于预防。根据我国多年防尘的经验，要有效地预防尘肺，必须采取综合措施，包括组织措施、技术措施及卫生保健措施。做好厂矿企业生产过程中的防尘、降尘工作是预防尘肺的关键，并落实八字综合防尘措施：①革，即工艺改革和技术革新，这是消除粉尘危害的根本途径；②水，即湿式作业，可防止粉尘飞扬，降低环境粉尘浓度；③风，即加强通风及抽风措施，常在密闭、半密闭发尘源的基础上采用局部抽出式机械通风，将工作面的含尘空气抽出，并可同时采用局部送入式机械通风，将新鲜空气送入工作面；④密，即将发尘源密闭，对产生粉尘的设备尽可能在通风罩中密闭，并与排风结合，经除尘处理后再排入大气；⑤护，即个人防护；⑥管，即维修管理；⑦查，即定期检查环境空气中粉尘浓度，对接触者定期检查体格；⑧教，即加强宣传教育。严格管理，加强执法，采取综合的防尘措施，落实八字防尘方针，都是预防尘肺发生的有效措施。使作业场所空气中的粉尘浓度控制在国家卫生标准下，就基本上可以控制尘肺的发生。

6.2 有毒气体典型案例

1999年3月21日20时30分，萍乡市高坑镇暗冲煤矿发生一氧化碳中毒的特大伤亡事故。该矿矿长李某等10人当场死亡，3名职工受伤，直接经济损失40余万元。

6.2.1 矿井概况

该矿于1987年10月由李某某开办，1987年11月提出申请，经村、镇、区有关部门审查签署意见，于1989年6月24日由市矿管局批准颁发采矿许可证，规定开采期限为1989年6月至1991年6月，矿长为李某某。设计生产能力为10000 t/a。1992年3月19日，由安源区矿管局批准，采矿许可证延期一年，到1993年3月采矿许可证过期失效后，该矿一直未再办证。1992年10月，因成立萍乡市赣萍实业有限公司，暗冲煤矿为公司下属企业，李某某任副经理，暗冲煤矿负责人变更为李某，营业执照到1996年10月失效。

该矿开拓方式为斜井—暗斜井—暗斜井。井口标高 +223 m。主绞斜长180 m，方位290°，坡度20°；经车场及平巷85 m到二绞，二绞斜长276 m，方位340°，坡度27°；再经平巷95 m到三绞，三绞斜长90 m，方位308°，坡度22°。布置一个采区两个生产档头。

开采下煤组扫边槽煤层。该矿从 1987 年 10 月开始至 1996 年 10 月开采一水平大麻槽煤层，有独立的通风系统。1996 年底与萍乡矿务局高坑矿废弃的三、三斜井大巷贯通，将其作为二绞绞车道，并作为风井使用。1998 年，贯通高坑矿早已经报废的一水平 +40 m 的 155 穿槽石门巷道，155 大巷作为排风巷。该矿 1995 年至 1997 年 3 月先后与邻矿永安煤矿、萍李煤矿、金马煤矿和桃园煤矿贯通。从 1998 年下半年起，该矿无独立通风系统，属独眼井生产。1998 年 3 月 18 日，与市法官协会签订协议确定该矿为萍乡市法官协会的挂靠企业，法官协会为该矿的主管单位。1998 年 10 月 28 日，矿长李某、股东杨某与陈某签订了承包协议，以 95 元/t 的价格实行安全生产大承包。

该矿自 1993 年 3 月采矿许可证失效后，因开采范围已越界等因素，市、区有关部门一直未批准该矿办采矿许可证。此后，萍乡市矿产资源管理局监察大队和萍乡市煤炭局执法监察大队先后多次对该矿进行了突击检查，下发了停产整改通知书，也几次对该矿作了封井处理，但该矿拒不执行，擅自起封，强行生产，非法开采。市、区关井压产领导小组在接到省关井办文件后，部署了关井压产工作，高坑镇政府也下发了文件，确定暗冲煤矿为关井压产对象，并决定由区关井压产领导小组于 3 月 19 日下达通知书，3 月 25 日进行全井炸毁。但该矿拒不执行，一意孤行继续非法生产，致使发生了"3·21"特大伤亡责任事故。

6.2.2 事故经过

1999 年 3 月 21 日中班，班长肖某某带领两个生产组 8 人（刘组和何组，每组 4 人）和运输配合人员 5 人（二绞 2 人，三绞 3 人）共 14 人，从 14 时上班下井，到 19 时出煤 11 桶，此时全井停电 1 h，到 20 时来电后又出了 3 桶煤，这时肖某某从三绞上来，遇到在三绞推桶的职工黄某，黄某说有头痛、无力等现象，请肖某某帮助推桶，并说看见前巷（距二绞底 20 多米）处有烟雾。肖某某检查后也发现距二绞废车场约 20 m 处和二绞底向上 30 m 处有烟雾气体，他想是否有人抽了烟，就上到二绞绞车房，休息约 10 min 后，三绞职工刘某跑上来说有人晕倒了，叫肖某某马上出井呼救。肖某某立即向井口跑去，此时为 20 时 30 分。

当肖某某跑出井口时大叫井下出事了，矿长李某正好值班在井口旁边烤火，看见肖某某问了情况后，立即叫人去抢救。第一批下去救护的是刘某等 6 人。10 min 后第二批救护人员由矿长李某带领 4 人一起下去，并每人各带了条湿毛巾。第三批由上晚班的班长吴某等 3 人于 21 时 20 分下去。第一批下去的救出刘组大工谢某，第二批人下到二绞后救出 6 人（分两桶救出），自行爬出井口 5 人。高坑矿救护队于 23 点 10 分赶到，23 点 20 分下井到二绞下 200 m 处救出班长吴某。此后因全井一氧化碳浓度不断增大，救护距离长，行走艰难，并且救护人员带的氧气供养无法满足救护需要而不能再下井抢救。至此，滞留在井下当班的有 4 人与下井抢救未逃出的 6 人全部遇难。

高坑镇人民政府于次日凌晨 3 时接到事故报告后，及时向市救护队和萍矿救护队求援，并立即向市有关部门报告。市区领导及有关部门于 3 时 30 分先后赶到现场，成立了抢救指挥部，由区长任总指挥，区委副书记、常务副区长、区委常委、副区长为成员，同时设立了事故抢救、事故调查、安全保卫、后勤、善后服务等 5 个工作组，并组织区、镇干部进行抢救工作。市领导赶到现场后又成立了联合抢救指挥领导小组，市煤炭局副局长任现场抢救总指挥，组织了市矿山救护队和萍矿救护队联合突击抢救。及时制定了抢救第一方案，在与之贯通的萍李煤矿巷道安装通风机抽出一氧化碳气体，再在该矿主井安装 1 台 11 kW 和 1 台 5.5 kW 的通风机接风筒到主绞底送风，争取在一水平以上形成安全中转区达到缩短抢救距离的目的，但实际此方案未达到要求。第二方案是由两个救护队在该矿一水平安装通风机向与之贯通的萍李煤矿压风减少该矿主井和一水平一氧化碳浓度，但此方案仍然效果不佳。到 24 日凌晨 2 时，采用第三方案，用大功率风机，在该矿主井口强行向主绞内压风，减少主井内一氧化碳浓度。直到 25 日凌晨 3 时，救护人员将 10 名遇难者救出。

6.2.3 事故原因

经调查分析，该矿没有火区，其一氧化碳是从二绞底部车场废巷中涌出的，而且该地区老火区长期积聚，因停电三水平局部通风机停机等因素诱发一氧化碳突然涌出，涌出的一氧化碳浓度很高，只有少量烟雾和轻微煤油味。该事故的发生原因主要有以下几个方面：

（1）该矿安全管理混乱，安全生产管理制度不健全。在明知系统不完善的情况下，没有停电、停风的防范措施，通风、瓦斯管理制度流于形式；在发现事故苗头的情况下，不采取撤出人员的紧急措施，严重违章指挥，是造成该次事故的直接原因。事故发生后，缺乏安全救护常识，不计后果盲目下井抢救，严重违章指挥，是导致事故扩大的直接原因。

（2）该矿严重违反《煤矿安全规程》有关规定。从 1998 年下半年以来，独眼井开采，大盲硐作业，是造成该次事故的主要原因。

（3）该矿擅自启封生产，且有关主管单位对该矿的安全生产监督检查不严。该矿自 1998 年下半年起属于独眼井开采，管理失误是造成该次事故原因之一。

（4）该矿管理人员和职工队伍安全意识淡薄。重生产，轻安全，是造成该次事故的原因之一。

（5）部分管理人员和职工队伍安全素质低。缺乏安全知识，是造成该次事故和事故扩大的原因之一。

6.2.4 有毒气体事故的预防

针对有毒气体事故发生的规律和原因，应从管理、制度、技术等多方面采取对策、措施，加强对危害因素的防治。

（1）建立、健全有害气体防治各项制度，设立专项管理机构或专职人员。矿井应根据自身的特点，建立相关的防治管理制度体系，做到全面、可行和易操作；矿井应在通风或安全管理部门之下设立危害气体防治专项机构或专职的管理人员，进行监督、检查、报告和处理等相关工作。

（2）加强有害气体的风险管理和风险预警工作，通过定期和日常监测及时辨识有害气体隐患及其可能的危害程度，采取针对性的预控措施。

（3）加强对中小煤矿周边人员的教育，尤其是对村镇农民的教育，禁止非法盗采活动，宣传非法盲目下井带来的严重后果。

（4）监管部门要加大对违法违规小矿井的关闭力度，严厉打击非法盗采行为。

（5）制定针对性强和反应及时的事故应急救援和处置预案，并加强预案的演练。

（6）废弃矿井和井下废弃巷道要及时封闭，并设置明显的警示标志。

（7）矿井有害气体事故的发生与开采方式、作业环境接触人数和接触时间有关，尽可能减少相关危险区域作业人员的数量和接触时间。

6.3 风湿病典型案例

6.3.1 案例一

本案例节取自《类风湿性尘肺病一例报告》，为内蒙古科技大学包头医学院第一附属医院诊断的一例类风湿性尘肺病例报道。

1. 临床资料

患者，男，65 岁，职业史为 1969—1996 年在某煤矿从事井下开拓（凿岩）工作，接尘工龄为 27 年，接触的粉尘性质为矽尘。吸烟情况：1969 年开始吸烟，每天 10 支，2010 年戒烟。4 年前气短、咳嗽、咳痰，2 年前出现四肢关节肿胀、疼痛，双手指关节逐渐变形。

2. 病理

类风湿性关节炎临床上以侵害关节和关节周围组织为主，本身病变通常造成肢体残障而不影响生命，但关节外损害如类风湿性肺病往往是本病致死的主要原因之一。类风湿性关节炎患者以女性为多，而类风湿性肺病以男性为多，据有关资料统计男女之比约为 2:1。

类风湿性肺病的主要病理改变为支气管—肺血管和肺间质及胸膜的疏松结缔组织发生粘连性水肿、类纤维蛋白变性，小血管坏死和组织损伤，呼吸系统中呼吸肌、胸膜、肺间质或肺血管均可受累。这也是类风湿性肺病 CT 成像的病理基础。类风湿性肺病多数发生于类风湿性关节炎的进展期或晚期，虽然也可先于类风湿性关节炎发病，但早期肺部病理变化细微而 CT 表现又缺乏特征性，因此 CT 检查对类风湿性肺病的早期诊断是有限的。

类风湿性肺病的临床表现主要有反复发作的发热、胸痛、咳嗽咳痰、呼吸困难或咯血等常见呼吸系统症状，缺乏特征性，但只要结合本身病变症状——全身多关节疼痛、肿胀，低热，四肢出现皮下结节，晨僵等，再通过实验室多项检查（高滴度类风湿因子、免疫复合物、补体等）异常，即可初步诊断本病。CT 检查的主要目的就是配合临床了解疾病的活动性和严重性、指导临床分型、治疗和改善预后等。

类风湿性尘肺病的诊断，是指在类风湿病的影响下，所表现的一种特殊类型的尘肺。胸片表现特点是在尘肺的基础上出现类风湿结节，类风湿结节影一般较尘肺结节影大，结节形态多为类圆形影，也可融合成大阴影，与尘肺难以鉴别，但前者发展较快。实验室检查可有类风湿因子阳性等系列改变，可有全身关节肿胀、疼痛等临床表现，主要累及小关节。

类风湿性肺病常引起肺、肺间质和胸膜的改变。CT 表现主要为弥漫性间质性肺炎和纤维化伴随小叶间隔、气管壁增厚及胸膜增厚改变，但缺乏特异性。类风湿性肺病按其 CT 表现主要有以下几种表现形式：①肺间质纤维化；②胸膜炎和胸腔积液；③渐进坏死性结；④阻塞性细支气管炎。

另据有关文献报道，类风湿性肺病尚有其他少见胸部 CT 表现：类风湿性尘肺（Caplan 综合征）。其 CT 表现为两肺多发大小不等结节，多见于中上肺野，以肺周围部或胸膜下分布为主，边缘清楚，无钙化，可融合成大的肿块影。约 50% 的结节可见空洞影，壁较厚，多光滑。结节的另一个特点是变化快，有游走性倾向。

3. 病例分析

该病例有明确的煤矿井下开拓作业史，工种为凿岩工，粉尘性质为矽尘，接尘工龄27 年，胸片显示：双肺弥漫分布的小阴影以 γ 影为主，密集度达到 2 级，分布于 6 个肺区，依据《尘肺病诊断标准》（GBZ 70—2009）诊断为矽肺二期。除了 γ 影为主的小阴影外，在胸片上可见右肺数个 15 mm 结节影，64 排 CT 显示结节影更加具体和明确。较大的结节影分布在双肺，形态为类圆形，大小 15 ~ 20 mm 不等，为类风湿结节影，右肺结节影有融合趋势；肺功能为重度混合性通气功能障碍；全身小关节肿胀疼痛，双手关节畸形。各型类风湿因子及抗 RA33 抗体明显增高。因此该病例符合类风湿尘肺的诊断。

关于类风湿性尘肺病，我国多为病例报道，由于近年来 64 排 CT 的普及使类风湿性尘肺病的诊断更加明确。因为在 64 排 CT 上可以显示更多和更加确切的结节影，尤其是在冠状位气管中心这一层面，此层面受周围脏器及血管影响较小，结节影更加明确和具体。

类风湿性关节炎是一种以关节滑膜为主要靶组织的慢性系统性炎症性的自身免疫性疾病。而尘肺病的发病机理中认为石英尘可激活 T 淋巴细胞和 B 淋巴细胞，产生多种抗自身抗原抗体，从而导致自身组织损伤。类风湿性尘肺病可能为自身免疫性增强后引发的一系列机体的改变，这一点是职业病研究领域值得关注的问题，可为今后类风湿性尘肺病早期诊断和治疗提供依据。

6.3.2 案例二

本案例节取自《255 名矿工类风湿性关节炎体检结果分析》。全世界类风湿性关节炎患病率约 1% 。类风湿性关节炎的病理改变以关节滑膜慢性增生、关节软骨和骨质进行性不可逆性破坏为特征，而早期诊断和治疗是阻止病情发展和减少致残的关键。对类风湿性关节炎主要依靠临床症状及 X 线检查和实验室的辅助检查进行诊断。为了解石嘴山矿工类风湿性关节炎的患病情况，现对 255 名井下矿工体检结果进行分析。

1. 材料与方法

2004 年 9 月至 2006 年 12 月，到宁夏煤炭总医院基建公司医院进行体检的井下煤矿工人 255 名，男，22 ~ 65 岁，其中 20 ~ 39 岁 100 人，40 ~ 65 岁 155 人；对照组为非井下工作者共 252 人，男，20 ~ 61 岁，其中 20 ~ 39 岁 95 人，40 ~ 61 岁 147 人。

收集前来体检的井下煤矿工人资料，包括 3 个方面：①一般资料，即性别、年龄、既往史、职业；②实验室检查白细胞计数、血沉、C - 反应蛋白、类风湿因子；③影像学资料 X 线检查。

诊断标准是 1987 年美国风湿病学院（ACR）提出的类风湿性关节炎的修订标准，7 项中符合 4 项则可诊断为类风湿性关节炎：①晨僵至少 1 h；②3 个或 3 个以上关节肿；③腕、掌指关节或近端指间关节肿；④对称性关节肿；⑤类风湿皮下结节；⑥手 X 线片改变；⑦类风湿因子阳性。

2. 测量数据

用于测量数据的仪器是 F - 820 血球计数仪，日立 7060 全自动生化分析仪；Landox 免疫增强胶乳比浊法试剂；C – 反应蛋白试剂，由上海伊兰生物技术有限公司提供。

类风湿因子含量用比浊法测定，C – 反应蛋白用免疫透射比浊法测定，白细胞计数用 F – 820 血球计数仪计数，常规方法测定血沉。

3. 结论

本组结果显示井下矿工类风湿性关节炎患病率高于对照组。类风湿性关节炎是一种以非化脓性多发关节炎为主要表现的慢性全身性疾病，至今尚未肯定有关病因的学说很多。近年来，一般认为该病是一种自身免疫性疾病，此外诱发因素多为寒冷、潮湿、疲劳、营养不良、外伤、精神创伤等。因矿工长期在井下作业，长期处于半蹲或蹲位，环境寒冷、阴暗、潮湿，劳动强度大，班中餐简单、营养摄入不足等特殊条件，具有诱发类风湿性关节炎的因素。一些流行病学调查结果显示，某些特殊职业人群如矿工等，其工作环境与类风湿性关节炎发生有关，本次调查结果与此一致，提示井下矿工工作环境与类风湿性关节炎密切相关。因此，对从事特种职业如矿工和工作环境污染较重以及长时间承担重体力劳动的人，要定期体检，以便及早发现有关疾病，及时治疗，保证特殊人群的身体健康。

6.4　耳病典型案例

职业性听力损伤是长期接触生产性噪声所致，以感音性神经性聋为特点的不可逆的听觉损伤。声音环境是工作环境的一个重要方面，几十年前已引起人们的注意。然而噪声广泛存在于各类工矿企业，特别是随着现代工业的发展，机器的功率越来越大，数量越来越多，转速越来越高，因而产生的噪声越来越强。

6.4.1　案例一

本案例节取自《防尘耳塞在煤矿粉尘性耳病防治中的应用》。粉尘性耳病是煤矿企业职工的职业性耳病，尤其在井下作业的矿工中发病率很高。2007 年和 2009 年，山西省晋煤集团分别组织了两次粉尘接触矿工健康体检，发现粉尘性耳病的发病率很高，而且经健康调查，粉尘接触矿工在工作中几乎没有人佩戴防尘耳塞。2007—2009 年间，在晋煤集团成庄医院安排的体检中粉尘接触矿工共约 5200 人，其中下井人员约 4200 人，选煤厂人员 800 多人，体检可见近半数矿工有外耳道煤尘黏附，患不同程度的外耳道炎者约 800 人，外耳道耵聍者 200 余人，有外耳道炎、外耳道疖肿、鼓膜炎、中耳炎等耳科感染性疾病者近 4800 人，几乎所有的体检矿工都有用挖耳勺挖耳的习惯。为了预防职工粉尘性耳病的发生，成庄医院自制海绵防尘耳塞，让矿工在工作中佩戴，能够有效防止粉尘进入外耳道，维护粉尘接触矿工耳的健康。

在晋煤集团成庄医院用自制的海绵防尘耳塞对 40 名志愿者（均为在该医院诊疗过粉尘性耳病的本矿职工）指导佩戴，并进行了近 1 个月的电话随访和门诊耳窥镜复查，使用效果良好，无特殊不适，外耳道干净，无自觉症状，有效预防了职工粉尘性耳病的发生，志愿者回访满意。至于对佩戴者听力的影响，医生对志愿者进行了多次佩戴耳塞前后的听力试验。根据佩戴者外耳道口直径，佩戴合适的海绵耳塞，松紧适度，以不易滑脱为好。纯音测听结果显示，听力波动小于或等于 5 dB，对听力无明显影响。

在煤矿企业中，粉尘性耳病是矿工的职业性耳病，尤其在粉尘环境中作业的矿工中发病率很高。晋煤集团系高瓦斯矿井，井下通风量大，粉尘也大，工人健康防护意识差，健康知识宣传工作又不到位。粉尘接触职工在工作中很少有人佩戴防尘耳塞。煤尘颗粒容易进入外耳道，黏附于外耳道，不易排出，煤尘与外耳道分泌物结集成块，易形成异物，堵塞外耳道，引起听力下降，有的人自行盲目用挖耳勺挖去，导致外耳道炎、中耳炎、鼓膜炎等耳科感染性疾病的发生，甚至导致鼓膜穿孔的发生。

另外，粉尘性鼻病、尘肺等职业病的预防也不容忽视。应从提高职工健康防护意识抓起，国外的粉尘接触人员健康防护意识很高，晋煤集团聘请的外籍专家在井下技术指导时，就把防尘耳塞、防护眼镜、防尘面罩佩戴齐备，而我们的职工连基本的防尘面罩都不愿戴，原因是嫌麻烦，不习惯。因此，只有真正提高职工健康防护意识，才能有效预防粉尘职业病的发生。

6.4.2 案例二

本案例节取自《2015 年保山市在岗职工职业健康检查结果》。为了解保山市接触职业病危害因素的在岗职工职业健康状况，为制定职业病防治策略和措施提供依据，保山市疾病预防控制中心公共卫生科在 2015 年对接触煤尘、矽尘、水泥尘、烟草尘、汽油和噪声危害因素的 5989 名在岗职工进行职业健康检查，并对资料进行统计分析。

1. 对象与方法

该部门根据《职业健康监护技术规范》中指定的体检项目进行职业健康检查，并结合《尘肺病诊断标准》《职业性噪声聋诊断标准》来进行评价，分析 5989 名工人职业健康检查基本情况，包括身高体重测量、血压测量、内科常规检查、神经系统检查、高千伏胸片检查、纯音听阈测试、肺功能测试、心电图检查、血常规、尿常规、血生化、肝功能、B 超等，对检查结果进行分析。

2. 结果

辖区内的职业危害因素主要为粉尘和噪声，粉尘以矽尘和烟草尘为主，接触矽尘和烟草尘人数 2521 例，占监测总人数的 42.09%；接触噪声 2671 例，占监测总人数的 44.60%（表 6-1）。

表 6-1　2015 年保山市职业危害因素分布情况

职业危害因素	病　　种	企业数	职工数	职业病人数	疑似职业病人数	职业禁忌证人数
煤尘	煤工尘肺	3	98	0	0	1
矽尘	矽肺	33	1140	0	7	1
噪声	噪声聋	188	2671	0	0	30
水泥尘	水泥尘肺	5	247	0	0	2
烟草尘	职业性哮喘、职业性过敏性肺炎	4	1381	0	0	3
汽油	职业性慢性溶剂汽油中毒、汽油致职业性皮肤病	3	452	0	0	0
合计		236	5989	0	7	37

辖区内发现在岗职工疑似职业病 7 例（0.20%），职业禁忌证 52 例（1.50%），疑似职业病均为接触粉尘危害因素，职业禁忌证多为噪声职业禁忌证，占职业禁忌证总数的 76.92%。

该部门经过测量血压、血常规、尿常规、肝功能、心电图、肺功能、纯音听阈等，了解该矿区的职业病情况。其中，纯音听阈测试结果为：噪声作业工人职业健康检查纯音听阈测试提示双耳高频平均听阈大于或等于 40 dB 的有 189 人，高频听力损失检出率为 6.85%，主要集中在工龄 10 ~ <20 年人群（表 6 - 2）。

表 6 - 2   2015 年保山市不同工龄劳动者纯音听阈测试情况

工龄/年	双耳高频平均听阈小于 40 dB/例	双耳高频平均听阈大于或等于 40 dB/例
<1	0	0
1 ~ <4	553	15
4 ~ <7	288	17
7 ~ <10	199	16
10 ~ <15	305	48
15 ~ <20	431	51
20 ~ <25	361	12
25 ~ <30	168	13
30 ~ <35	175	8
35 ~ <40	91	9
≥40	0	0
合计	2571	189

3. 结果分析

噪声是保山市需要重点防控的职业病危害因素，应加强对噪声作业工人的职业健康防护。噪声职业禁忌证 40 例（1.1%），高于广州市某区 2009 年 25 家企业职业健康检查噪声职业禁忌证（0.84%）。噪声作业工人职业健康检查纯音听阈测试提示双耳高频平均听阈大于或等于 40 dB 的为 189 人（6.85%），高频听力损失检出率低于成都市新都区（10.77%）。高频听力损失主要集中在工龄 10 ~ 19 年人群。噪声作业行业中工龄较长者听力损失发生率较高，因此随着工龄增长应特别注意防护。

根据对保山市劳动者职业健康检查结果的分析，辖区内的企业，特别是职业病可能发生的高风险企业，应积极开展职业健康教育，提高工人的健康知识水平，改变其自身不良的卫生行为和习惯，企业应加强职业病防护设施设置，从而可减少职业病的发生。国内调查显示，企业职工希望获得职业卫生知识，需求内容包括工作场所职业病危害因素、可能导致的职业病危害、常见职业病种类及临床表现、职业禁忌等相关知识，并希望通过专题讲座和专家现场咨询、入职培训、知识讲座和电视等方式获取。因此企业作为职业病防治的主体，做好职业健康监护相关的宣传教育至关重要。

6.5 振动病典型案例

本案例节取自《煤工手臂振动病的 X 射线与磁共振成像研究》。长期从事手传振动作业而引起的以手部末梢循环和（或）手臂神经障碍为主的并能引起手臂骨关节 – 肌肉损伤的疾病，被称为手臂振动病。

6.5.1 对象与方法

在长期从事煤矿采掘振动作业的工人中，按照《职业性手臂振动病诊断标准》（GBZ 7—2002）筛选研究对象，选择条件为：①从事采掘振动作业工作 1 年以上；②具有手腕部疼痛、麻木、发冷、僵硬、发胀、无力、多汗等症状；③检见白指或主诉并旁证白指；④排除周围其他血管性疾病。共获得符合条件的病例 43 例，其中轻度 27 例、中度 11 例、重度 5 例。患者均为男性，年龄 22 ~ 48 岁，平均（37.4 ± 6.4）岁；工龄 3 ~ 26 年，平均（12.2 ± 4.3）年。振动作业工人每个工作日实际接振时间平均 4.2 h。参照相近振动工具和作业状态的振动参数测量报告，中心频率 125 Hz，加速度 19.91 m/s^2，$K_i = 0.125$，振幅 7.5×10^{-6} m，计算其 4 h 等能量频率计权加速度为 20.90 m/s^2。

选择从事非振动作业的工人 20 名作为对照组，条件为：①从事井下非振动作业工作 1 年以上；②有手腕部麻木、疼痛、发冷、僵硬、无力、多汗等症状；③年龄构成与观察组相近，每 5 岁为一个年龄段，每个年龄段随机抽取 4 名工人。

6.5.2 结果

核磁共振成像表现征象：43 例研究对象共扫描腕关节 64 个，其中双侧扫描者 21 名，单侧扫描者 22 名。观察到的主要征象有关节积液、骨髓水肿、骨质疏松、骨质硬化、腕骨坏死和软组织损伤等。对照组均为单侧扫描，主要观察到关节积液、骨质疏松、骨质硬化、软组织损伤等。各种征象在观察组中的发病率与对照组比较，骨髓水肿和腕骨坏死只在观察组中有，在对照组中未查见；观察组关节积液、骨质疏松和骨质硬化发生率均明显高于对照组，差异均有统计学意义；关节积液（88.4%）和骨髓水肿（79.1%）的发生率明显高于其他各项。

在不同接振时间的观察组中，核磁共振成像征象的发生率前后差别明显。其中，关节积液发生率高峰在小于或等于 2500 h 组；骨髓水肿发生率高峰在 2500 ~ 5000 h 组，然后随接振时间增加而降低；骨质疏松、骨质硬化、腕骨坏死则表现为随接振时间增加而增加；不同接振时间组软组织损伤的差异无统计学意义。

6.6 神经系统疾病典型案例

本案例节取自《山东省煤矿工人心血管疾病流行病学调查研究》。

6.6.1 案例情况

2014 年 5 月 1 日至 6 月 30 日，随机选取山东省境内华丰煤矿、协庄煤矿、崔镇煤矿、鄂庄煤矿、鲍店煤矿符合纳入与排除标准的矿工 1052 名作为调查对象。

（1）纳入标准：持续从事煤矿工作时间超过 2 年的在岗职工；年龄大于 20 岁；医院体检资料齐全；对调查持支持态度，愿意配合调查，可如实填写信息。

（2）排除标准：从事煤矿工作前有心血管疾病病史者；在煤矿企业工作，但从事与煤炭生产无关的工作，如厨师、司机、保安等；文化程度较低，不能理解调查表内容者；体检资料不全或真实性较差者；女性工人。

研究发放调查问卷 1052 份，收回 995 份，其中有效问卷 969 份，有效率为 92.11%，其中患有脑血管病者共 232 例（23.94%），心血管疾病者 89 例（9.18%），脑卒中者 45 例（4.64%），高血压者 219 例（22.60%）。

6.6.2 发病率影响因素

1. 年龄因素

该研究显示，30～40 岁、41～50 岁、51～60 岁 3 个年龄段冠心病发病率分别为 7.27%、10.00%、12.01%，脑卒中发病率分别为 1.82%、5.15%、10.05%，高血压发病率分别为 12.27%、21.09%、34.67%，均呈逐渐增高的趋势。

分析原因认为：①随着年龄的增长，机体器官逐渐退化，代谢功能降低，全身血管尤其是冠状动脉、颈脑部血管粥样斑块逐步形成，直接导致冠心病、脑卒中及高血压的发生；②50 岁以上煤矿工人吸烟饮酒率较高，对高血脂、高血压、冠心病以及脑卒中等的发生也构成一定影响；③年龄越高的煤矿工人接受教育程度越低，对健康与日常保健的认识明显不足，在饮食、体育锻炼、定期查体等方面重视度不高，也对冠心病的发生构成一定影响。

2. 井下工作年限因素

研究显示，井下工作年限越长，冠心病、脑卒中、高血压发病率越高，工作年限大于 20 年的矿工冠心病发病率高达 20.83%，明显高于 2～10 年的 4.09% 及 10～20 年的 7.22%；脑卒中发病率为 9.47%，明显高于 2～10 年的 0.91% 及 10～20 年的 3.71%；高血压发病率为 31.43%，明显高于 2～10 年的 9.55% 及 10～20 年的 20.82%。说明井下工作年限对冠心病、脑卒中及高血压的发生有一定影响。

分析原因认为，井下工作环境恶劣程度明显高于地面，不论通风、光线还是空气质量均较差，作业环境噪声大，饮食缺乏规律性，同时受煤尘影响，这些均对矿工生理与心理造成严重损害，也必将促进心血管疾病的发生。因此，改善井下作业环境，尽量缩短井下作业时间，对预防心血管病发生是非常重要的环节。

3. 吸烟

刘婷婷对河北省某三甲医院 2190 名职工的调查证实，吸烟人群心血管疾病发病率明显高于不吸烟人群，吸烟是引起心血管疾病的重要因素之一。本调查结果提示，吸烟矿工冠心病、脑卒中、高血压发病率分别为 12.97%、6.98%、31.42%，明显高于不吸烟的矿工的 6.51%、2.99%、16.37%，与刘婷婷研究数据趋于一致。Logistic 多因素回归分析证实，吸烟是导致冠心病、脑卒中及高血压的关键因素。

分析原因认为，烟草中的尼古丁可刺激交感神经，引起血管收缩、血压升高，长期作用对血管内皮具有一定的损伤。焦油在烟草中具有较高的含量，其可调高多种炎性因子，刺激血管内皮细胞，对小动脉具有较高的损害性。烟草中的烟雾含有大量的一氧化碳成分，其对血红蛋白具有较高亲和力，诱发的氧缺乏可导致脂质代谢紊乱与动脉硬化，明显增加血液的黏稠度。有学者调查发现吸烟可使男性心脑卒中发生的危险升高 40% 以上，女性更高，达到 60%，吸烟者脑缺血的危险度比不吸烟者高出 3～4 倍；而停止吸烟后，心脑血管相对危险度在 10 年内呈逐渐下降趋势。

4. 饮酒

刘岩等对 350 例脑卒中患者相关危险因素进行调查分析证实，饮酒是导致高血压、脑卒中的关键因素。葛长乐研究证实，随着饮酒量的增加、饮酒年限的延长，高血压发病率逐步增高。本调查结果提示，饮酒矿工冠心病、脑卒中、高血压发病率分别为 11.2%、6.09%、27.31%，明显高于不饮酒的矿工的 6.96%、3.04%、17.9%，与刘岩、葛长乐调查结果趋于一致。Logistic 多因素回归分析证实，饮酒是导致冠心病、脑卒中及高血压的关键因素。

分析原因认为：一方面，酒精作用于交感神经，可引起心脑血管的收缩导致其血流阻力增加，血压相应升高，当动脉伴有粥样斑块形成，管腔狭窄时，可导致冠心病发作或脑梗死的发生；另一方面，血液中的酒精成分含量增高，能迅速增加血液黏稠度，降低血流量，促进心脑卒中的发生。另外，过度饮酒可导致血压急剧增高，诱发脑出血。为此，应该将控制饮酒作为预防煤矿工人心脑血管病的重要环节。

5. 饮食因素

巩景华等对高血压危险因素进行调查分析证实，合理的饮食搭配对预防高血压及心脑血管病的发生具有重要的意义。吴梓雷进一步研究证实，蔬菜、水果食用量较高的人群高血压发病率明显低于高热量饮食人群，素食与肉食合理的搭配对预防心脑血管疾病有积极的意义。本调查结果提示，饮食搭配不合理的矿工冠心病、脑卒中、高血压发病率分别为 12.1%、7.54%、31.69%，明显高于搭配一般的 10.43%、3.68%、23.09% 及搭配合理的 4.21%、2.11%、8.77%，与巩景华、吴梓研究结果趋于一致。Logistic 多因素回归分析证实，饮食搭配不合理是导致冠心病、脑卒及高血压的关键因素。

分析原因认为：一方面，煤矿工人普遍存在劳动强度大，工作时间长，耗能大现状，近年来生活条件逐年改善，肉食供应明显充足，过度的补充肉食可增高血脂含量，血脂对各种心脑血管疾病均构成不利影响；另一方面，矿工新鲜蔬菜、水果等富含维生素 C 的食物摄入明显不足，尤其是井下作业人员，在井下作业期间蔬菜及水果摄入更加不足，对维持血管内皮细胞稳定性及修复胶原纤维产生一定影响，也对心血管疾病的发生产生影响。因此，合理地搭配饮食，对矿工进行饮食健康教育非常有必要。

6. 高血压家族史

多方研究已经证实，高血压、冠心病的发生与遗传具有明显相关性。有高血压家族史的人群血糖、血总胆固醇及低密度脂蛋白均明显高于无高血压家族史的人群，调查 5 年高血压发生率，有高血压家族史的中青年高血压、心血管疾病发病率较高。本研究证实，有高血压家族史矿工的冠心病、脑卒中、高血压发病率分别为 12.17%、6.42%、38.80%，明显高于无高血压家族史矿工的 6.58%、3.09%、8.70%。Logistic 多因素回归分析证实，高血压家族史是导致冠心病、脑卒中及高血压的关键因素。

分析原因认为，高血压患者子代的血清抵抗素水平显著高于正常人群，血清抵抗素可损害血管内皮的收缩与修复功能，促进血管平滑肌细胞迁移与增殖，影响其血管舒缩功能，引起血压升高。

7. 煤矿工种

房奇对山东省煤矿工人胃肠疾病流行病学调查发现，采煤掘进与井下辅助组的矿工胃肠疾病发病率明显高于地面作业组的矿工。分析原因认为，井下恶劣环境及饮食条件具有相关性。本调查结果显示，地面作业组的工人冠心病、脑卒中及高血压发病率明显高于采煤掘进组及井下作业组，与房奇对胃肠疾病调查的结果恰恰相反。调查分析认为，针对心脑血管疾病的性质，所有煤矿不允许患有心脑血管疾病或发病前兆的人下井工作，以免造成不必要的人员伤亡，对已发现有高血压的工人，也作出了及时的岗位调整，禁止从事部分工作，因此煤矿工人心血管疾病发病均集中在地面作业组。

8. 睡眠质量

睡眠是机体各器官保持健康状态的必要保障，睡眠质量差或者时间减少对各个器官代谢功能均构成严重的影响。国外研究证实，每晚睡眠时间超过 7 h 者，仅有 6% 的人发生动脉硬化；与每晚睡眠时间超过 7 h 人群相比，每晚睡眠时间为 5~7 h 者，出现血管受损的概率增加近 1 倍；而每晚睡眠时间经常少于 5 h 者，血管受损风险更高。

该调查中，睡眠质量优的矿工冠心病、脑卒中、高血压发病率分别为 5.10%、2.40%、16.82%，明显低于睡眠质量良的 9.73%、5.03%、25.50%，较睡眠质量差的 12.72%、6.51%、25.74% 更低。Logistic 多因素回归分析证实，睡眠质量是导致冠心病的关键因素，而对脑卒中及高血压不是主要影响因素。分析原因，考虑与调查样本或者矿工对睡眠质量的认识有偏差有关。总之，睡眠质量差可导致心血管疾病的发生。对睡眠障碍的矿工需进行一定的药物或心理干预。

9. 下井工人与非下井工人心血管疾病危险因素

调查研究发现，25~40 岁、41~50 岁、51~60 岁年龄段下井工人心血管疾病患病水平均高于非下井工人，下井工人心血管疾病危险度明显高于非下井工人。分析其原因：一方面可能与下井工人井下作业环境有关，长期处于昏暗、空气质量较差环境下对机体组织细胞代谢具有一定影响；另一方面，井下作业工人长期处于心理应激状态，对血糖、血压的升高有一定促进作用。应将井下作业人员的心血管危险因素纳入重点观察及检测的内容。

10. 煤矿工人 10 年缺血性心血管疾病发病危险度评估

调查研究发现，未来 10 年，煤矿工人心血管病发病危险度随年龄增长，中高危人群分布比例越来越高。同时，调查研究发现，未来 10 年，下井煤矿工人心血管病发病危险度明显高于非下井煤矿工人。煤矿工人吸烟、高血脂、高血糖、高血压以及井下作业环境等危险因素的高发率明显加大了未来 10 年心血管病发病风险。需要采取相应的措施进行有效预防。

脑血管病危险因素很多，单一的危险因素和联合的危险因素相比较，无疑后者发生脑血管病的危险性大。利用对脑血管病危险因素的检出并加以预报，同时积极地采取防治措施，是脑血管病预报有价值的项目之一。煤矿工人是一个特殊的工作群体，劳动强度大，工作环境恶劣，饮酒、吸烟比例高，饮食结构紊乱。特殊的工作和生活环境与特有的职业暴露，这些工作性质以及不良的生活习惯形成了该人群特有的疾病谱。在煤矿工人中煤矿工人的冠心病、脑血管疾病、高血压等动脉粥样硬化发病率明显高于普通人群。

6.7 心理疾病典型案例

煤矿职工是一个庞大的特殊职业群体。他们常年所处的工作环境以及所从事的生产作业活动具有很强的特殊性，面临着比其他阶层大得多的生存压力和生活压力，煤矿工人的心理健康也越来越引起了煤矿企业和社会的关注。本案例节取自《煤矿工人压力状况、心理健康与幸福感的关系研究》，研究采用问卷调查的方法。

6.7.1 案例情况

2010年5月31日，研究人员对92名煤矿工人进行测试，探讨煤矿工人压力状况、心理健康与幸福感。选取辽宁省DM煤矿综采队矿工92人，包括正式工人81人和实习生11人，均为男性。心理测评回收问卷92份，剔除无效问卷，有效问卷为88份，占被试总数的95.65%。

1. 煤矿工人压力反应和幸福感结果

在煤矿工人幸福感方面，感到幸福的煤矿工人占所调查总人数的51.7%，感到不幸福的人群占所调查总人数的48.3%，两者基本持平；在压力反应方面，压力反应明显的煤矿工人占所调查总人数的67.4%，压力反应不明显的煤矿工人占所调查总人数的32.6%，说明大部分煤矿工人的压力反应明显。

2. 煤矿工人心理健康水平

根据测评，煤矿工人感觉有症状，其程度为中到严重的人数比例为16.8%；感觉有症状，其严重程度为轻到中度，存在心理困扰者的人数比例为52.8%；感觉良好，心理健康者的人数为29.2%。这说明大部分煤矿工人存在不同程度的心理困扰。被试群体在躯体化和强迫症状上的均值高于2，表明被试在这两个因子上的自我感觉不佳程度处于轻度到中度之间，说明被试有轻微的躯体的不适和强迫症状。

3. 煤矿工人压力及需求状况调查

为了更为准确地了解煤矿工人压力状况和所需求的服务，特设置一些题目对此进行调查。可以看出：在对目前工作压力的总体感受方面，66.7%的人认为工作压力大，只有4.4%的人认为工作压力很小；在工作压力来源方面，91.1%的人认为压力来源于工作负荷，24.4%的人认为压力来源于领导水平，20%的人认为压力来源于组织局限性，18.9%的人认为压力来源于人际关系。在最需要的服务方面，有64.4%的煤矿工人需要医疗及保健服务，48.9%的煤矿工人需要休闲娱乐活动，这两者最多，需要个人专业咨询、个人发展计划和危机事务援助者所占比例分别为26.7%、27.8%、27.8%；在愿意接受的服务方式方面，培训所占的比例最大为56.7%，面对面咨询为41.1%，电话服务、网络援助和中介服务的比例分别为26.7%、25.6%、6.7%。

4. 不同身体健康状况的煤矿工人在压力反应、幸福感和心理健康水平上的差异

健康状况不同的煤矿工人在压力反应、幸福感和心理健康水平上的差异显著。具体解释为，患有疾病的煤矿工人比健康的煤矿工人有更多的压力反应表现，表现出更多的心理问题，两者差异极其显著。而患有疾病的煤矿工人比健康的煤矿工人的幸福感更强烈，差异边缘显著，可以解释为疾病使他们更加珍爱生命，热爱生活。

5. 不同人际关系煤矿工人在压力反应、幸福感和心理健康水平上的差异

人际交往状况不同的煤矿工人在压力反应水平方面差异显著。具体解释为，人际交往一般的人比人际交往较好的人体会到更多的压力反应。

6. 不同职务煤矿工人在压力反应、幸福感和心理健康水平上的差异

将矿工职务划分为普通矿工、班组管理干部和副科级以上管理干部，对人群在压力反应、幸福感和心理健康水平上的差异进行考察可知，普通矿工与科级管理干部之间在压力反应和幸福感上差异非常显著。具体解释为，普通矿工比科级管理干部有更多的压力反应和更少的幸福感。班组管理干部与科级管理干部之间在幸福感上差异显著。具体解释为，班组管理干部比科级管理干部有更少的幸福感。

7. 不同工作年限煤矿工人在压力反应、幸福感和心理健康水平上的差异

将煤矿工人工作年限划分为1.1年以内，2.1～3年，3.3～10年，4.1～20年，5.21年以上，并对不同工作年限的人群在3个因素上的差异进行考察可知，工作3～10年煤矿工人与工作10～20年煤矿工人在压力反应和幸福感上差异显著。具体解释为，工作3～10年煤矿工人比工作10～20年煤矿工人有更多的压力反应和更少的幸福感。

8. 不同经济状况煤矿工人在压力反应、幸福感和心理健康水平上的差异

将煤矿工人经济状况划分为好、中等和差，并对不同经济状况的人群在压力反应、幸福感和心理健康水平上的差异进行考察可知，经济状况好和中等的煤矿工人在压力反应和幸福感方面差异显著。具体解释为，经济状况好的煤矿工人比经济状况中等的煤矿工人有更少的压力反应和更多的幸福感。经济状况好和经济状况差的煤矿工人在压力反应、幸福感和心理健康水平总分方面差异非常显著。具体解释为，经济状况好的煤矿工人比经济状况差的煤矿工人有更少的压力反应、更多的幸福感和更少的心理问题。经济状况中等和经济状况差的煤矿工人在压力反应、幸福感和 SCL－90 总分方面差异显著。具体解释为，经济状况中等的煤矿工人比经济状况差的煤矿工人有更少的压力反应、更多的幸福感和更少的心理问题。

9. 煤矿工人幸福感、压力反应和心理健康的基本状况

根据庞越研究发现，在压力反应方面，身体健康、人际关系良好、30～40岁、配偶关系好、经济状况好的煤矿工人，比身体患有疾病、人际关系一般、30岁以下、配偶关系不好、经济状况差的煤矿工人有更少的压力反应，表明这些因素是影响煤矿工人压力反应的重要方面。在幸福感方面，配偶关系越好，家庭经济状况越好，幸福感越强烈，可见家庭因素是影响矿工幸福感的重要方面。在心理健康方面，身体健康、30～40岁、配偶关系好、经济状况好的煤矿工人，比身体患有疾病、30岁以下、配偶关系差并且经济状况不好的煤矿工人的心理健康水平要高。这说明，良好的社会支持，能够促进煤矿工人的心理健康，获得更多的幸福感。这些都与以往的研究结果相一致。

参 考 文 献

[1] 岑衍强，侯祺棕．矿内热环境工程 [M]．武汉：武汉工业大学出版社，1989.

[2] 孙丽婧，朱能．高温高湿下人体热应力评价指标的研究 [J]．煤气与热力，2006，10（15）．

[3] 中华人民共和国国家技术监督局．GB/T 4200—1997 高温作业分级 [S]．北京：中国标准出版社，1997.

[4] 李化敏，李华奇，等，煤矿深井的基本概念与判别准则 [J]．煤矿设计，1999（10）：5－6.

[5] 刘晓鑫，胡汉华．我国深部矿井热害治理设想和展望 [J]．矿业研究与开发，2011，31（1）：84－87.

[6] Mc Pherson M J. Mine ventilation planning in the 1980s [J]. Geotechnical and Geological Engineering, 1984, 2 (3): 185－227.

[7] 吕石磊，朱能，冯国会．高温高湿热环境下人体耐受力研究 [J]．沈阳建筑大学学报，2007，23（6）：982－985.

[8] 刘金娥，王培植，姚东．矿井高温高湿环境危害分析及治理措施 [J]．工业安全与环保，2008，34（9）：27－29.

[9] 李艳军，焦海朋，李明．高温矿井的热害治理 [J]．能源技术与管理，2007（6）：45－47.

[10] 张灿．冰输冷降温系统的研究与应用 [D]．青岛：山东科技大学，2006.

[11] 王伟．煤矿用冷热电联产系统的制冷系统设计研究 [D]．合肥：合肥工业大学，2006.

[12] 魏京胜，张党育，岳丰田，等．梧桐庄矿热泵系统可用热源分析及利用 [J]．煤炭科学技术，2012，40（5）：120－124，265.

[13] 刘卫东．高温环境对煤矿井下作业人员影响的调查研究 [J]．中国安全生产科学技术，2007，（3）：43－45.

[14] 刘树伦，齐帅，李蔬宏，等．煤矿井下人－环境系统模型构建及工效影响研究 [J]．中国矿业，2013（7）：104－106，110.

[15] 王雪．唐山市古冶区林西煤矿尘肺预防研究 [D]．昆明：云南大学，2015.

[16] 贾珂君，贺咏平，王琳琳．类风湿性尘肺病一例报告 [J]．环境与职业医学，2014（11）：894－895.

[17] 呼巧玲，张建华．255 名矿工类风湿性关节炎体检结果分析 [J]．宁夏医学院学报，2008（4）：526－527.

[18] 张万红，崔一云．防尘耳塞在煤矿粉尘性耳病防治中的应用 [J]．中国中西医结合耳鼻咽喉科杂志，2011（2）：117.

[19] 谢琳，郑维斌，段如菲，等．2015 年保山市在岗职工职业健康检查结果 [J]．职业与健康，2016（18）：2481－2484.

[20] 赵选枝，刘瑞莲，胡述栋，等．煤工手臂振动病的 X 射线与磁共振成像研究 [J]．中国职业医学，2006（1）：19－21.

[21] 王锐．我国矿井热害及其治理措施 [J]．铀矿冶，1989（1）：1－8.

[22] 张丽梅．山东省煤矿工人心血管疾病流行病学调查研究 [D]．济南：山东大学，2015.

[23] 庞越．煤矿工人压力状况、心理健康与幸福感的关系研究 [D]．阜新：辽宁工程技术大学，2011.

后　　记

　　经过三年多的努力，本书终于完稿付印。在本书编写过程中，作为该研究项目的课题负责人，我首先感谢山西省科技厅、山西省煤炭工业厅相关部门的支持，由于这两个部门的支持，使该课题能够列入山西省基础研究计划自然科学基金项目。其次感谢太原理工大学博士生导师栗继祖教授的大力支持，以及博士生刘佳，硕士生杨安妮、续婷妮、刘钰欣几位同学在资料整理阶段的辛苦工作。再次感谢中国煤炭博物馆原馆长李希海和现任馆长张继宏同志，中国煤炭博物馆科协副主席、科技处处长张华英的支持，课题组成员孟庆学、米秀清、陈鸿、侯婧辉的工作，孟庆学、侯靖辉同志还查阅了大量历史资料。同时也十分感谢山西省煤炭工业厅张明生、赵一兵两位处长在法规政策方面提供的帮助。侯靖辉不仅参与了课题的研究，而且担负了本书编辑出版过程的大量工作，一并表示感谢。

　　需要说明的是，该项目的研究仍然处于初步阶段，尚有许多需要改进的地方，我们将继续扩大视野，调整研究思路，结合煤矿职业卫生实践做出更多努力。也期望本书能够抛砖引玉，使更多的专家学者关注煤矿，关注矿工，关注煤炭工业的安全健康事业。

胡高伟

2018 年 3 月 3 日